山洪灾害的群测群防

何秉顺　郭良　常清睿　梁学文　著

·北京·

内 容 提 要

本书系统阐述了山洪灾害群测群防体系建设理论与具体要求，总结了各地山洪灾害群测群防体系建设和实际运用的成功经验，旨在指导我国市、县防汛指挥机构的业务管理工作。全书共6章，包括：山洪与山洪灾害防治、山洪灾害群测群防体系、山洪灾害防御责任制体系、山洪灾害防御预案、监测预警与人员转移、宣传培训与演练等。

本书可供基层群测群防工作人员学习与参考。

图书在版编目（CIP）数据

山洪灾害的群测群防 / 何秉顺等著. -- 北京 : 中国水利水电出版社, 2017.12(2019.6重印)
ISBN 978-7-5170-6231-8

Ⅰ. ①山… Ⅱ. ①何… Ⅲ. ①山洪－灾害防治 Ⅳ. ①P426.616

中国版本图书馆CIP数据核字(2017)第327147号

书　　名	山洪灾害的群测群防 SHANHONG ZAIHAI DE QUNCE QUNFANG
作　　者	何秉顺　郭良　常清睿　梁学文　著
出版发行	中国水利水电出版社 （北京市海淀区玉渊潭南路1号D座　100038） 网址：www.waterpub.com.cn E-mail：sales@waterpub.com.cn 电话：（010）68367658（营销中心）
经　　售	北京科水图书销售中心（零售） 电话：（010）88383994、63202643、68545874 全国各地新华书店和相关出版物销售网点
排　　版	中国水利水电出版社微机排版中心
印　　刷	天津嘉恒印务有限公司
规　　格	170mm×240mm　16开本　12.75印张　243千字
版　　次	2017年12月第1版　2019年6月第2次印刷
印　　数	1001—6000册
定　　价	**80.00**元

序

洪涝灾害是我国严重的自然灾害之一。2000—2016年，每年洪涝灾害造成的直接经济损失占当年GDP的比重达0.55%，其损失与影响位居各自然灾害首位。而在洪涝灾害中，山洪灾害是严重威胁人员生命安全的主要灾害形态。2011—2016年，全国因山洪灾害年均死亡414人，占洪涝灾害死亡人数的70%。据统计，我国山丘区有6万余个乡镇、约20万个行政村、3.04亿人受山洪灾害影响。

我国古代邻里之间的“守望相助”可以称为自然灾害群测群防的雏形。而在山洪灾害防御方面，群测群防已成为山洪灾害防御非工程措施的重要手段和工具之一，它适应了山洪灾害点多面广、突发性、局部性、成灾快的特点，以村组为单元的防御主体直接监测预警到户到人，实现“短平快”传递预警信息，组织人员及时转移避险，确保“跑赢”“打赢”山洪灾害防御战。

在全国山洪灾害防治项目建设中，国家防汛抗旱总指挥部、水利部和省地把群测群防体系建设作为山洪灾害防御总体框架系统的重要内容：建立和落实了县、乡、村、组、户五级防御责任，编制了县、乡、村及相关企事业单位的三级预案，配备预警设施设备，开展宣传、培训和演练。基层村组形成了主动监测预警和接收上级发布的预警信息相结合的监测预警体系：一方面，接收县级、乡镇防汛指挥部门发送的预警信息，并传达到组到户；另一方面，开展自主的群测群防、自测自防，实现以村组为单元的自我防御、主动防御。正是广大群测群防工作者多年来坚持不懈的努力，使山洪灾害防御知识和所在地山洪风险正逐步为公众所了解，基层村组社区面对山洪灾害的主动防御能力不断增强，群众主动避险意识和自救互救能力显著提高。与此同时，还创建了我国山丘区山洪灾害群测群防模式，其中依靠基层组织落实防御责任、社区监测预警“土洋结合”“平战结合”“接地气”组织宣传培训演练等方面具有鲜明的中国特色。

经过多年的群测群防体系建设和山洪灾害防御实战，我国在责任制体系、防御预案、村组社区山洪灾害监测与预警、宣传培训及演练等方面积累的丰富案例和宝贵经验，需要系统梳理和科学提炼。同时，基层广大防汛业务人员也急需一本工作指南。为此，几位长期从事山洪灾害防御特别是群测群防体系建设顶层设计的专家编写了这本《山洪灾害的群测群防》，该书涵盖了山洪灾害群测群防工作的方方面面，收纳了各地近年来涌现出的好的做法及样本案例，具有很强的指导性和操作性，广大群测群防工作者可按图索骥，找到适应本地区的群测群防方法和参照样本；同时，这也是一本很好的山洪灾害防御常识科普读物，该书图文并茂，可读性强，对社会公众掌握防灾减灾基本知识，提高防洪减灾意识，增强灾害预防能力亦大有裨益。

2017年11月1日

前　言

山洪灾害群测群防体系是指山洪灾害防治区的县（市、区）、镇（乡）两级人民政府和村（居）民委员会，组织辖区内企、事业单位和广大人民群众，在水利、防汛主管部门和相关专业技术单位的指导下，通过责任制建立落实、防灾预案编制、简易监测预警、防灾知识宣传、避险技能培训、避灾措施演练等手段，实现对山洪灾害的预防、监测、预警和主动避让的一种防灾减灾体系。群测群防是山洪灾害防御工作的重要内容，与专业化的监测预警系统相辅相成、互为补充，共同发挥作用，形成“群专结合”的山洪灾害防御体系。2010年，国务院印发了《国务院关于切实加强中小河流治理和山洪地质灾害防治的若干意见》（国发〔2010〕31号），提出要在有山洪灾害防治任务的县（市、区）基本建成监测预警系统和群测群防体系，明确提出了山洪灾害群专结合的防治思路，确立了群测群防在山洪灾害防御中的地位。

本书旨在系统阐述山洪灾害群测群防体系建设理论与具体要求，总结各地山洪灾害群测群防体系建设和实际运用的成功经验，指导我国市、县防汛指挥机构的业务管理工作，供基层群测群防工作人员提供学习与参考。全书共分六章，主要介绍了山洪与山洪灾害防治、山洪灾害群测群防体系、山洪灾害防御责任制体系、山洪灾害防御预案、监测预警与人员转移、宣传培训与演练等。

本书编写过程中得到了国家防汛抗旱总指挥部办公室和有关省份防汛指挥部办公室的大力支持。水利部原总规划师、国家防汛抗旱总指挥部办公室原主任张志彤亲自审阅本书，并为本书作序。国家防汛抗旱总指挥部办公室黄先龙、许静、重庆市防汛抗旱抢险中心严同金、湖北省防汛抗旱指挥部办公室江炎生对本书提出了大量宝贵修改意见，河南省防汛抗旱指挥部办公室杨文涛等提供了精美图片。本书还参考了国家发展和改革委员会宏观经济研究院曾红颖研究员、河南水利与环境职业学院黄功学教授和张凌杰教授的有关研究成果。为本书编写做出贡献的还有程晓陶、汤喜春、严建华、武海峰、李青、涂勇、杨贵森、陈星、凌永玉等。在本书出版之际，谨向他们表示诚挚的谢意。

作者还要特别感谢山洪灾害防治项目，正是由于大规模的项目实施，各地好的做法及思路层出不穷，极大地丰富和完善了群测群防理论，逐步形成了有中国特色的群测群防模式，为群测群防指南形成文字、集结成书奠定了坚实基础。

本书由全国山洪灾害防治项目建设与管理（中央本级）126301001000160012、中国水利水电科学研究院重点科研专项JZ0145B2017、青海省山洪灾害主动防御体系构建项目资助出版。

由于时间仓促，加之作者水平有限，书中疏漏之处在所难免，欢迎读者批评指正。

作者

2017年11月1日

目　录

第一章　山洪与山洪灾害防治

我国山洪灾害防治区面积 386 万 km^2，防治区人口 3 亿人。山洪灾害频繁而严重，在活动强度、暴发规模、经济损失、人员伤亡等方面均居世界前列，每年都造成大量人员伤亡和财产损失，是我国自然灾害造成人员伤亡的主要灾种之一。面对严峻的防御形势，我国在 2003 年起开始编制山洪灾害防治规划，2006 年国务院批复了该规划。国家防汛抗旱总指挥部（后文简称国家防总办公室）办公室于 2005 年和 2009 年开展了山洪灾害防治试点建设，探索与积累了山洪灾害防治的经验。2010—2015 年，水利部、财政部加大山洪灾害防治力度，全面开展了山洪灾害防治项目建设。本章介绍了山洪灾害的概念、山洪灾害的成因以及部分典型灾害案例，简要论述了我国山洪灾害防治项目实施的情况以及取得的成效。

第一节　山洪灾害有关的概念

一、山洪

山洪是指由于暴雨、拦洪设施溃决等原因，在山区溪沟形成的暴涨暴落的洪水及伴随发生的滑坡、泥石流的总称。其中，以暴雨引起的溪河洪水最为常见。

二、山洪灾害

山洪灾害是指因降雨在山丘区引发的溪河洪水等对国民经济和人民生命财产造成损失的灾害，包括溪河洪水泛滥以及伴随发生的泥石流、山体滑坡等造成的人员伤亡、财产损失、基础设施毁坏及环境资源破坏等。

三、山洪灾害的表现形式

（一）溪河洪水

暴雨引起山区溪河洪水迅速上涨。由于溪河洪水具有突发性强、水量集中、破坏力大等特点，常常冲毁房屋、田地、道路和桥梁等，甚至可能导致水库、山塘溃决，造成人员伤亡和财产损失，危害很大。

（二）泥石流

山区沟谷中暴雨汇集形成洪水，挟带大量泥沙石块形成泥石流。泥石流具有暴发突然、来势凶猛、破坏性强等特点，并兼有滑坡和洪水破坏的双重作用，其危害程度往往比单一的洪水和滑坡危害更为严重，一次灾害可能造成一个村庄或城镇被淹埋。

（三）滑坡

滑坡指土体、岩块或残坡积物在重力作用下沿软弱贯通的滑动面发生滑动的现象。滑坡发生时，会使山体、植被和建筑物失去原有的面貌，可能造成严重的人员伤亡和财产损失。滑坡灾害的发生与降雨量、降雨强度和降雨历时关系密切。

四、山洪灾害的成因及特征

（一）山洪灾害的成因

山洪灾害的致灾因素具有自然和社会的双重属性，其形成、发展与危害程度是降雨、地形地质等自然条件和人类经济活动等社会因素共同影响的结果。

（1）降雨因素。降雨是诱发山洪灾害的直接因素和激发条件。山洪的发生与降雨量、降雨强度和降雨历时关系密切。降雨量大，特别是短历时强降雨，在山丘区特定的下垫面条件下，容易产生溪河洪水灾害。

（2）地形地质因素。不利的地形地质条件是山洪灾害发生的重要因素。我国山丘区面积占国土面积的2/3以上，自西向东呈现出三级阶梯，在各级阶梯过渡的斜坡地带和大山系及其边缘地带，岭谷高差达2000m以上，山地坡度30°～50°，河床比降陡，多跌水和瀑布，易形成山洪灾害。

（3）经济社会因素。受人多地少和水土资源的制约，为了发展经济，山丘区资源开发和建设活动频繁，人类活动对地表环境产生了剧烈扰动，导致或加剧了山洪灾害。山丘区居民房屋选址多在河滩、岸边等地段，或削坡建房，一遇山洪极易造成人员和财产损失。山丘区城镇由于防洪标准普遍较低，经常进水受淹，往往损失严重。

（二）我国山洪灾害的总体特征

山洪灾害在不同的区域由于降雨、地形地质和经济社会活动及其相互作用方式的不同而表现出空间、时间分布和危害程度等方面的差异。总体上看，我国山洪灾害有如下特征：

（1）分布广泛、发生频繁。我国位于东亚季风区，降雨高度集中于夏秋季节，且地形地质状况复杂多样，人口众多，容易发生溪河洪水灾害，从而形成山洪灾害分布范围广、发生频繁的特点。

（2）突发性强，预测预防难度大。我国山丘区坡高谷深，暴雨强度大，产汇流快，洪水暴涨暴落。从降雨到山洪灾害形成历时短，一般只有几个小时，甚至不到1小时，给山洪灾害的监测预警带来很大的困难。

（3）成灾快，破坏性强。山丘区因山高坡陡，溪河密集，洪水汇流快，加之人口和财产分布在有限的低平地带上，往往在洪水过境的短时间内即可造成大的灾害。

（4）季节性强，区域性明显。山洪灾害的发生与暴雨的发生在时间上具有高度的一致性。我国的暴雨主要集中在5—9月，山洪灾害也主要集中在5—9月，尤其是6—8月主汛期更是山洪灾害的多发期。山洪灾害在地域分布上也呈现很强的区域性，我国西南地区、秦巴山区、江南丘陵地区和东南沿海地区的山丘区山洪灾害集中，暴发频率高，易发性强。

（三）山洪灾害的空间和时间分布

1. 山洪灾害的空间分布

（1）溪河洪水灾害分布。大体上以大兴安岭—太行山—巫山—雪峰山一线为界，划分为东、西两部分。该线以东，溪河洪水灾害主要分布于江南、华南和东南沿海的山地丘陵区以及东北大小兴安岭和辽东南山地区，分布面广、量多；该线以西，溪河洪水灾害主要分布于秦巴山区、陇东和陇南部分地区、西南横断山区、川西山地丘陵一带及新疆和西藏的部分地区，常呈带状或片状分布。

（2）泥石流灾害分布。西南地区和秦巴山地区是泥石流灾害主要分布区域。沿青藏高原四周边缘山区，横断山—秦岭—太行山—燕山一线深切割地形既是华夏、西域和西藏三大地块缝合线及其次级深大断裂带，又是强地震带及降水强度高值区，泥石流灾害分布集中。此外，筑路、采矿、基建等人为活动的不当，时有促使老泥石流复活或引发新的泥石流。

（3）滑坡灾害分布。西南地区滑坡灾害多，发生频率高；东南、华中、华南地区的滑坡多分布于低山丘陵地区，多为浅层滑坡；东北和华北地区，滑坡分布较少，发生频率较低；西北地区由于缺乏足够的气候条件和地形条件等原因，滑坡灾害分布密度低。

2. 山洪灾害的时间分布

长江以南地区由南往北雨季为3—6月至4—7月，降雨量占全年的50%～60%；长江以北地区雨季为6—9月，降雨量占全年的70%～80%，是溪河洪水灾害多发季节。泥石流灾害主要发生在6—8月，以7月暴发频率最高，12月至次年3月基本无泥石流发生，最早出现泥石流灾害的时间在4月下旬，最晚时间在11月下旬。滑坡灾害在分布上与降雨时间分布具有同期性或略有滞后，主要集中在5—8月，一般结束于9月或10月。

五、山洪灾害的危害

山洪灾害突发性强，破坏力大，预报预警难，防御困难，往往造成毁灭性的灾害。受气候、地理环境和人类活动的共同影响，我国山洪灾害频繁而严重，每年都造成大量人员伤亡和财产损失，是我国自然灾害造成人员伤亡的主要灾种之一。除致人员伤亡外，山洪、泥石流、滑坡常常毁坏和淤埋山丘区城镇，威胁村寨安全，冲毁交通线路和桥梁，破坏水利水电工程和通信设施，淹没农田，堵塞江河，淤高河床，污染环境，危及自然保护区和风景名胜区，严重制约我国山丘区经济社会的发展。

（一）山洪灾害成为洪涝灾害中致人伤亡的主要灾种

据1950—1990年统计，洪涝灾害死亡人数共计22.5万人，其中山丘区山洪灾害死亡人数为15.2万人，占总死亡人数的67.4%，年均死亡人数3707人。20世纪90年代，全国每年因山洪灾害死亡1900～3700人，约占洪涝灾害死亡人数的62%～69%；2000—2007年，山洪灾害死亡人数下降为每年1100～1600人，占洪涝灾害死亡人数的65%～76%；2008年和2009年，山洪灾害死亡人数下降到500人左右，占洪涝灾害死亡人数达到80%。2010年全国山洪灾害特别严重，因山洪灾害死亡2824人（失踪1063人），占洪涝灾害死亡人数的92%。2011—2016年，山洪灾害死亡人数年均为414人，占洪涝灾害死亡人数60%～75%。2000年以来，因山洪灾害死亡人数及占洪涝灾害死亡人数的比例如图1-1所示。

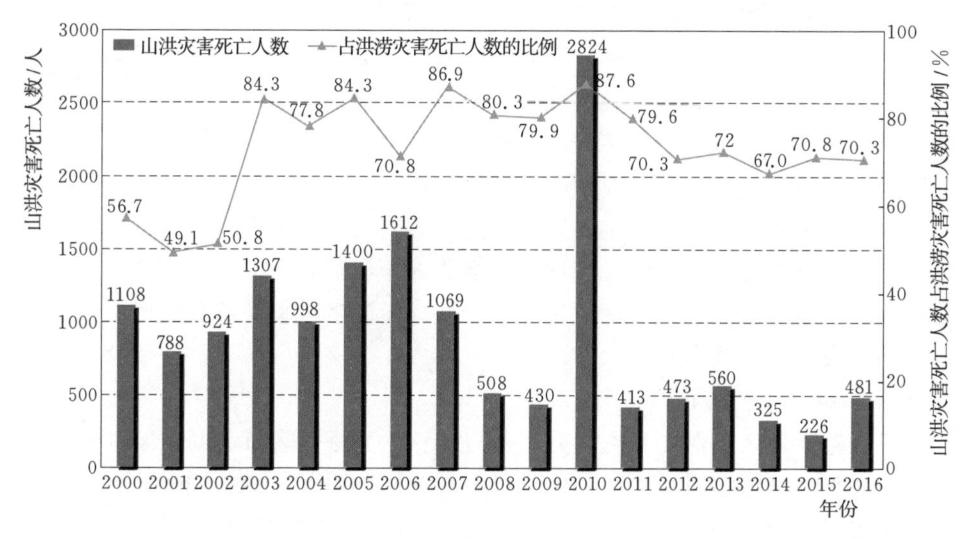

图1-1　2000年以来山洪灾害死亡人数及其占洪涝灾害总死亡人数比例[1]

[1] 据2000年以来《中国水旱灾害公报》。

（二）山洪灾害风险程度和损失逐渐增加

1950—1990年，全国因山洪灾害导致年均农田受灾4400万亩[1]，年均倒塌房屋80万间。1991—2000年，全国因山洪灾害导致年均农田受灾8100万亩，年均倒塌房屋110万间。目前山洪地质灾害造成的财产损失年均约400亿元，随着我国山丘区经济的发展、人口的不断增长，防治区内的经济存量、人口密度、社会财富将大幅度增长，山洪地质灾害的风险程度和损失也将显著增加。

六、部分典型山洪灾害案例

（一）2005年黑龙江省沙兰镇山洪灾害

2005年6月10日，黑龙江省牡丹江市宁安市的沙兰镇和五个自然村屯遇特大暴雨和山洪袭击。沙兰镇所在小流域面积为115km^2，流域内降雨从12时50分开始至15时结束，平均降雨强度为41mm/h，点最大降雨强度为120mm/h；流域平均降雨量123.2mm，是本流域多年平均6月份降雨总量的1.34倍；洪水在14时15分开始袭击沙兰镇，15时20分达到最高水位，16时洪水已基本退去，推算形成这次洪水的暴雨重现期为200年，估算洪峰流量为850m^3/s，估算洪水总量为900万m^3。山洪导致沙兰镇因灾死亡117人，其中小学生105人（全部为沙兰镇中心小学学生），村民12人；严重受灾户982户，受灾居民4164人，倒塌房屋324间，损坏房屋1152间。图1-2和图1-3为灾后洪水调查实景图。

图1-2　沙兰镇中心小学全景（黑龙江省水文局杨广云提供）

（二）2010年舟曲特大山洪泥石流灾害

2010年8月7日22时左右，甘肃省甘南藏族自治州舟曲县城东北部山区突降特大暴雨，在40min内降雨量达到97mm，引发白龙江左岸的三眼峪、罗家峪发生特大山洪泥石流灾害，泥石流长约5km，平均宽度300m，平均厚度5m，总体积750万m^3，流经区域被夷为平地（图1-4），造成1508人遇难，

[1] 1亩≈666.67m^2。

(a) 教室

(b) 走廊

图 1-3　沙兰镇中心小学被淹情况（程晓陶摄）

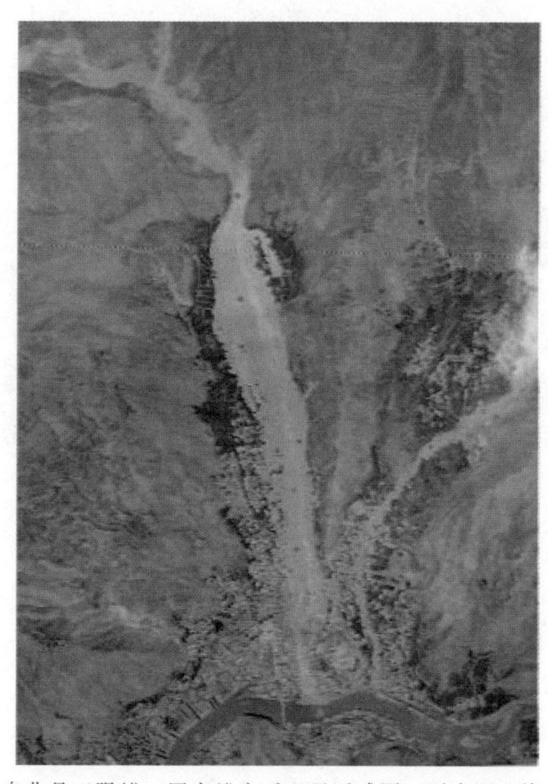

图 1-4　舟曲县三眼峪、罗家峪灾后卫星遥感图（引自国土资源部网站）

257 人失踪，受灾人口达到 26000 多人。

（三）2013 年辽宁清原山洪灾害

2013 年 8 月 16—17 日，辽宁省发生特大洪涝灾害，抚顺等 9 个市 35 个县（区）180 万人受灾，紧急转移避险 19.9 万人，直接经济损失 89.6 亿元。抚顺市清原县受灾尤为严重，因灾死亡 63 人，失踪 101 人。

受灾最严重的清原县南口前村（南口前镇政府所在地）紧邻浑河，为康家堡河（流域面积 40.7km^2）和海阳河（流域面积 134.9km^2）流域下游出口，洪水过程中形成了前有浑河（北口前村以上流域面积 1832km^2，洪峰流量 6700m^3/s）漫溢、后有两条山洪沟冲击的局面。南口前村南桥（位于镇政府上游）堵塞，致康家堡河改道，与海阳河一左一右切断了南口前村核心区群众上山避险的通道。南口前村北部沈吉铁路的铁路桥阻塞，另因浑河水位顶托，康家堡河和海阳河汇合后的洪流无法顺利下泄，壅高了南口前村水位，导致南口前村出现了重大人员伤亡，清原县南口前村河流分布及壅堵的情况如图 1-5 所示。

图 1-5　清原县南口前村受灾情况平面图

链接：1960 年以来部分较大山洪灾害事件

(1) 1960 年 7 月，四川省天全县大河乡发生严重山洪泥石流，死亡 200 多人。

(2) 1979 年 11 月 2 日，四川省雅安市陆王沟发生泥石流，死亡 164 人。

（3）1981年7月9日，成昆铁路利子依达沟暴发泥石流，冲毁利子依达沟大桥，422次列车颠覆，300余人遇难。

（4）1981年7月27日，辽东半岛发生特大暴雨山洪，长大铁路被冲毁7km，406次列车颠覆，664人死亡。

（5）1984年5月30日，云南省东川市因民矿区黑水沟暴发泥石流，造成121人死亡。

（6）1997年6月5日，四川省美姑县乐约乡发生大面积的山体滑坡和泥石流灾害，死亡151人，重伤23人。

（7）2001年6月19日，湖南绥宁县特大暴雨引发山洪灾害，造成124人死亡。

（8）2002年6月8日，陕西省佛坪、宁陕等县降特大暴雨，多地暴发山洪、泥石流灾害，造成455人死亡、失踪。

（9）2003年7月11日22时，四川甘孜州丹巴县巴底乡邛山村、水卡子村发生山洪泥石流灾害，导致36人死亡，15人失踪。

（10）2004年6月23日，湖南省湘西、湘北地区多数县市暴发山洪、泥石流和滑坡灾害，因山洪及山体滑坡造成27人死亡，27人失踪。

（11）2004年9月初，四川、重庆遭受特大暴雨袭击，多地发生山洪、泥石流、滑坡灾害，造成233人死亡、失踪。

（12）2005年5月31日至6月1日，湖南省自西北至东南发生了强降雨过程，致使山洪灾害暴发，因灾死亡84人，失踪37人。

（13）2005年6月10日，黑龙江省宁安市沙兰镇沙兰河上游突降罕见特大暴雨，山洪暴发，造成117人死亡，其中小学生105人。

（14）2005年7月上旬，四川省达州市及宣汉、开江、渠县、大竹等县城及40个乡镇发生严重的山洪灾害，造成37人死亡、11人失踪。

（15）2006年7月中旬，第4号强热带风暴“碧利斯”深入内陆，造成特大暴雨山洪、泥石流、滑坡灾害，湖南、广东、福建、广西等地因灾死亡655人、失踪194人。

（16）2006年7月下旬，受5号台风“格美”影响，江西省上犹、遂川县暴发严重山洪灾害，造成80余人死亡或失踪。

（17）2007年7月中旬，重庆市暴发严重山洪、泥石流、滑坡灾害，736万人受灾，死亡51人、失踪7人。

（18）2007年7月28日8时至8月1日8时，陕西省商洛市发生了严重的山洪灾害，因灾死亡23人、失踪26人。

（19）2007年7月29日零时至30日上午11时，河南省卢氏县暴发严重山洪、泥石流等灾害，死亡 72 人，失踪 16 人。

（20）2007 年 8 月 6 日 22 时至 7 日 12 时，陕西省安康市局部地区遭受严重的山洪、滑坡和泥石流灾害，死亡 23 人、失踪 37 人。

（21）2009 年 7 月 11 日，重庆市万州区暴发山洪灾害，造成 19 名游客死亡。

（22）2009 年 7 月 23 日，四川省甘孜州康定县山洪、泥石流灾害造成 10 人死亡、44 人失踪。

（23）2009 年 7 月 28 日，四川省米易县强降雨引发严重山洪灾害，造成 23 人死亡、6 人失踪。

（24）2010 年 6 月 13—17 日，福建省多地发生严重山洪灾害，死亡 98 人、失踪 74 人，倒塌房屋 6.05 万间。

（25）2010 年 6 月 28 日，贵州省安顺市关岭县受强降雨影响，发生特大山体滑坡，因灾死亡 42 人、失踪 57 人。

（26）2010 年 7 月 13 日凌晨 4 时左右，云南省昭通市巧家县小河镇炉房沟发生山洪、泥石流灾害，因灾死亡 19 人、失踪 26 人。

（27）2010 年 7 月 14—17 日和 22—25 日，陕西省安康、汉中、商洛、渭南等地发生山洪灾害，因灾死亡 126 人、失踪 202 人。

（28）2010 年 8 月 7 日 23 时左右，甘肃省舟曲县发生特大山洪泥石流灾害，因灾死亡 1508 人、失踪 257 人。

（29）2010 年 8 月 11—12 日，甘肃天水、陇南等地发生山洪、泥石流及滑坡灾害，因灾死亡 40 人、失踪 12 人。

（30）2010 年 9 月，受 201011 号“凡亚比”台风影响，广东、福建、广西等省（自治区）发生山洪、泥石流灾害，因灾死亡 128 人，失踪 6 人。

（31）2011 年 9 月中旬，嘉陵江支流渠江、汉江上游和渭河流域 3 次强降水过程造成四川、重庆、湖北、陕西、河南等地出现严重的山洪灾害，受灾 1219 万人，死亡 103 人。

（32）2012 年 5 月 10 日，甘肃省定西市岷县、漳县、渭源 3 县遭受山洪泥石流灾害，死亡 57 人、失踪 15 人。

（33）2012 年 6 月 27 日 20 时至 28 日 6 时，四川省凉山州宁南县白鹤滩镇矮子沟地区发生山洪泥石流灾害，死亡 14 人、失踪 26 人。

（34）2012 年 7 月 21 日，北京、河北保定等地出现特大暴雨，出现城市内涝和山洪灾害，死亡 115 人，失踪 16 人。

（35）2013 年 7 月 9 日，四川省都江堰市中兴镇山溪村发生特大型高位山体滑坡，死亡45人、失踪116人。

(36) 2013年7月7—13日，陕西延安等地受暴雨影响，多地出现滑坡、泥石流灾害，延安房屋窑洞倒塌，死亡26人。

(37) 2013年8月15—17日，辽宁北部、吉林中东部降特大暴雨，山洪灾害造成抚顺市清原县77人死亡、87人失踪。

(38) 2014年7月上旬，云南多地发生强降雨，昆明、保山、昭通、丽江、大理等13个市，引发山洪泥石流灾害，因灾死亡19人、失踪34人。

(39) 2014年8月30日至9月2日，重庆、湖北2省（直辖市）出现强降雨，引发山洪灾害，因灾死亡47人、失踪17人。

(40) 2015年8月16日，四川泸州市叙永县强降雨引发山洪泥石流灾害，造成15人死亡、10人失踪。

(41) 2016年7月9日上午8时至11时，受1号台风“尼伯特”影响，福建闽清县、永泰县等四个县发生严重山洪灾害，4个县共计51人死亡、2人失踪（死亡、失踪为山洪受害的人员）。

(42) 2016年7月19—20日，受强降雨过程影响，河北、河南、山西等省多地发生山洪灾害，导致河北省11个县、河南省4个县共计145人死亡、72人失踪（死亡、失踪为山洪受害的人员，不含平原县区洪涝灾害和山区县非山洪灾害造成的死亡失踪人员）。

资料来源：国家防汛抗旱总指挥部．中国水旱灾害公报（2009—2016年）

第二节 山洪灾害防治

新中国成立后，随着经济社会和科学事业的不断发展，山洪灾害问题逐步得到了各级政府的高度重视以及社会的广泛关注，防治和研究工作取得了一定进展，逐步确定了山洪灾害防治思路、技术路线和实施路径。

一、我国山洪灾害防治思路

山洪突发性强，来势猛，陡涨陡落，一次山洪过程历时短，成灾范围小且分散，但易造成人员伤亡。由于山洪灾害有上述特性，如果对山洪灾害威胁区内的人员和财产主要采取工程措施进行保护，则不合理也不经济。山洪灾害防治应以最大限度减少人员伤亡为首要目标，以人为本，以防为主，以避为上，防治结合，以非工程措施为主，非工程措施与工程措施相结合。

（一）以防为主，主要采用非工程措施

在山洪灾害防治区内，通过完善防御组织体系，建立责任制，编制可操作性强的防灾预案，开展宣传培训演练，普及山洪灾害防御常识，建设经济实用的监测预警系统，落实各项防灾减灾措施，以避免或减少山洪灾害造成的人员伤亡。在山洪灾害发生前，相关部门或责任人要能根据监测预报情况，及时发布预警信息，并根据预案采取临时转移避险措施，紧急情况下群众自防、自救和互救，确保生命安全。

（二）采用必要的工程措施

对山丘区内受山洪灾害威胁又难以搬迁的重要防洪保护对象，如城镇、大型工矿企业、重要基础设施等，根据所处的山洪沟、泥石流沟及滑坡的特点，通过技术经济比较，因地制宜采取必要的工程治理措施进行保护。对山丘区的病险水库进行除险加固，消除防洪隐患。加强水土保持综合治理，减轻山洪灾害防治区水土流失程度，有效防治山洪灾害。

（三）实施人员搬迁

对处于山洪灾害易发区、生存条件恶劣、地势低洼且治理困难等地方的居民，考虑农村城镇化的发展方向及满足全面建设小康社会的发展要求，结合易地扶贫、移民建镇，引导和帮助他们实施永久搬迁。

（四）加强山丘区管理

规范山丘区人类社会活动，使之适应自然规律，规避灾害风险，避免不合理的人类社会活动导致的山洪灾害。为此，要强化政策法规建设，加强执法力度。加强河道管理，严格禁止侵占行洪河道行为；加强山洪灾害威胁区的土地开发利用规划与管理，威胁区内的城镇、交通、厂矿及居民点等建设要考虑山洪灾害风险，控制和禁止人员、财产向山洪灾害高风险区转移和发展；加强对开发建设活动的管理，防止加剧或导致山洪灾害。

二、山洪灾害防治规划

（一）全国山洪灾害防治规划

1. 规划由来

2002年9月4日，时任国务院副总理、国家防汛抗旱总指挥部总指挥温家宝在湖南省人民政府副省长庞道沐的《山洪灾害防治成为防汛抗灾的突出问题》一文上作出重要批示，指出我国山洪灾害频发，造成损失巨大，已成为防灾减灾工作中的一个突出问题。必须把防治山洪灾害摆在重要位置，认真总结经验教训，研究山洪发生的特点和规律，采取综合防治对策，最大限度地减少灾害损失。至此，山洪灾害的系统防治工作被正式推上了中国防洪减灾的大舞台。遵照温家宝总理指示，由水利部牵头，会同国土资源部、中国气象局、建设部、国家环保总局编制了《全国山洪灾害防治规划》（以下简称《规划》）。2006年10月，国务院正式批复该《规划》。

2. 规划目标

近期（2010年）在我国山洪灾害重点防治区将初步建成以监测、通信、预报、预警等非工程措施为主与工程措施相结合的防灾减灾体系，基本改变我国山洪灾害日趋严重的局面，减少群死群伤事件的发生和财产损失。远期（2020年）将全面建成山洪灾害重点防治区非工程措施与工程措施相结合的综合防灾减灾体系，一般山洪灾害防治区初步建立以非工程措施为主的防灾减灾体系，最大限度地减少人员伤亡和财产损失，山洪灾害防治能力与山丘区全面建设小康社会的发展要求相适应。

3. 规划内容

主要包括山洪灾害基本情况调查分析和规划措施两部分。第一部分是在对山洪灾害易发区进行了深入的调查分析评价的基础上，系统地分析研究了山洪灾害发生的降雨、地形地质和社会经济等因素以及特点和规律，确定了我国山洪灾害的分布范围，并根据山洪灾害的严重程度，划分了重点防治区和一般防治区。第二部分是针对不同类型、区域的山洪灾害提出了以降雨及灾害监测、预报预警、防灾减灾预案、人员搬迁、政策法规和管理等非工程措施为主，山洪沟、泥石流沟、滑坡治理及病险水库除险加固、水土保持等工程措施为辅，非工程措施与工程措施相结合的防治方案，提出了近期（2010年）及远期（2020年）山洪灾害防治的目标、总体部署、建设任务、保障措施以及实施意见。

（二）全国中小河流治理和病险水库除险加固、山洪地质灾害防御和综合治理总体规划

1. 规划由来

2010年7月和9月，国务院第120次和126次常务会议，专门研究加快中小河流治理、病险水库除险加固以及山洪地质灾害防治问题，出台了《国务院关于切实加强中小河流治理和山洪地质灾害防治的若干意见》（国发〔2010〕31号），要求进一步加大中小河流治理和病险水库除险加固、山洪地质灾害防治、易灾地区生态环境综合治理力度，保障人民群众生命财产安全，维护经济社会发展大局。按照国发〔2010〕31号文的要求，发展改革委会同教育部、民政部、财政部、国土资源部、环境保护部、住房和城乡建设部、水利部、农业部、国家林业局、中国气象局等部门及中国国际工程咨询公司，在充分利用各部门已有研究成果的基础上，于2010年12月底完成《全国中小河流治理和

病险水库除险加固、山洪地质灾害防御和综合治理总体规划》(以下简称《总体规划》)。其中,水利部、国土资源部组织编制了《全国山洪地质灾害防治专项规划》,纳入《总体规划》,2011 年 4 月,国务院常务会议审议通过《总体规划》。

2. 规划目标

水利部、国土资源部组织编制的《全国山洪地质灾害防治专项规划》与 2006 年国务院批准的《规划》是一脉相承的。规划目标为:全面查清山洪地质灾害易发区山洪、泥石流、滑坡、崩塌等灾害隐患点的基本情况,完成山洪地质灾害危险性评价和风险区划;在山洪地质灾害防治区基本建成专群结合的监测预警体系,统筹规划建设气象、水利、国土资源专业监测系统,构建气象、水利、国土资源等部门联合的监测预警信息共享平台和短时临近预警应急联动机制,显著提升山洪地质灾害防御能力;优先对危害程度高、治理难度大的山洪地质灾害隐患点实施搬迁避让;对危害程度高、难以实施搬迁避让的山洪沟、泥石流沟和滑坡实施工程治理,并取得显著成效。

利用 5 年时间初步建立与全面建设小康社会相适应的山洪地质灾害防治体系,使山洪地质灾害防治薄弱环节的突出问题得到基本解决,防灾能力显著增强,减少群死群伤,最大限度地减轻山洪地质灾害造成的人员伤亡和财产损失,为山丘区构建和谐社会,促进社会、经济、环境协调发展提供安全保障。

3. 规划内容

《全国山洪地质灾害防治专项规划》,在总结全国山洪灾害防治试点建设经验的基础上,对规划对象和范围进行调整,对灾害调查与评价、监测站点布局、预警系统建设、群测群防体系建设等有关内容进行补充完善,并提出了山洪地质灾害工程治理安排。规划的范围由 2006 年国务院批复的《规划》中 29 个省(自治区、直辖市)的 1836 个县(区、市)增加到 2058 个县(区、市)。主要内容包括:①完成山洪灾害防治区的灾害排查、重点防治区及重要城镇的灾害调查;完成地质灾害重点防治区的灾害调查、防治区地质灾害排查和重要集镇地质灾害勘查;建立全国山洪地质灾害调查信息系统,完成山洪地质灾害危险性评价和风险区划,确定预警指标;②在有山洪地质灾害防治任务的 2058 个县(市、区)建立专群结合的监测预警体系,建立和完善山洪地质灾害应急保障系统,提升对突发山洪地质灾害应急响应能力;③对危害程度高、治理难度大的山洪地质灾害隐患点内受威胁的 150 万居民实施搬迁;④对直接威胁城镇、集中居民点或重要设施安全,且难以实施搬迁避让的部分山洪沟实施试点治理建设,对泥石流沟和滑坡实施工程治理。

三、山洪灾害防治项目建设

（一）山洪灾害防治试点

为积极探索山洪灾害防御的有效途径和方法，有效减轻人员伤亡，同时也为《规划》实施积累经验，国家防总办公室在2005年组织山洪灾害重点威胁区的12个省（自治区、直辖市）的12个县开展了山洪灾害防御试点工作。2009年，水利部会同财政部落实资金2亿元，在全国103个县进行了山洪灾害防御试点建设。

（1）建设内容。①划定安全区和危险区；②确定山洪灾害发生的临界雨量（水位）；③建设雨水情监测站点；④全面配备预警设施；⑤依托GIS、数据库技术和大比例尺电子地图，研制开发县级山洪灾害监测预警平台；⑥建立县、乡、村、组、户的五级责任制体系；⑦编制县乡村防御预案；⑧开展防灾避灾宣传、培训及演练。

（2）试点建设成效。试点建设在山洪灾害防御工作中发挥了十分显著的防灾减灾效益。据统计，103个试点县中，2010年共有61个县累计发生山洪灾害329次，通过系统监测、及时预警，提前紧急转移受威胁群众93万人，避免了4.4万余人伤亡，一些试点县发生了特大暴雨洪水，与历史同样量级洪水相比较，人员伤亡大大减少，试点区域基本没有人员伤亡。与试点县防灾减灾效益巨大形成鲜明对照的是，未开展试点建设的一些市县因山洪灾害造成了较大人员伤亡。

通过试点建设，总结并验证了适合我国国情的山洪灾害防治思路和方法，为《规划》的全面实施积累了宝贵经验。

（二）山洪灾害防治县级非工程措施项目

2010年7月21日，国务院第21次常务会议决定，在山洪灾害防治非工程措施试点基础上“加快实施山洪灾害防治规划，加强监测预警系统建设，建立基层防御组织体系，提高山洪灾害防御能力”。2010年11月，水利部、财政部、国土资源部、中国气象局以《规划》为依据，启动了全国2058个县的山洪灾害防治非工程措施项目建设。按照每县平均600万元的规模，先期实施《规划》确定的1836个县（后增至2058个县）非工程措施中最急需开展的建设任务，经过2010—2012年三年时间的建设，初步建成2058个县级山洪灾害防治区的非工程措施体系。

（1）项目建设内容和投资。主要包括山洪灾害普查，划定危险区，编制基层防御预案，确定临界雨量、水位等预警指标，建设雨水情监测站点，配备预警设施，建设县级监测预警平台，建设群测群防体系等8个方面。

2010—2012年，项目建设共投入资金117.18亿元，其中中央财政3年分别下达补助资金 18.02 亿元、20.42 亿元、40.94 亿元，共计 79.38 亿元；地方分别落实建设资金 11.49 亿元、12.75 亿元、13.56 亿元，共计 37.80 亿元。

（2）项目建设成果。据统计，通过项目建设，全国共初步划定山洪灾害危险区 18 万余处，涉及人口 1.5 亿人；初步确定了各地的雨量和水位预警指标；新建了自动雨量、水位站 5.2 万个，布设简易监测站 20 万个，报警设施设备 100 多万台套，建设了 2058 个县的山洪灾害监测预警系统，编制了县、乡、村山洪灾害防御预案 26.3 万件，制作了 64 万块警示牌、宣传栏，发放了 5151 万张明白卡，组织了 529 万人次培训、演练。

（三）山洪灾害防治项目（2013—2015 年）

由于《总体规划》所确定的整体项目建设 2010—2012 年度尚未完成，还没有形成完整的防御体系，需要尽快安排实施规划中的后续建设内容，与 2010—2012 年已建设项目形成一个有机整体，全面提高山洪灾害防御能力。2013 年 5 月，水利部和财政部联合印发了《全国山洪灾害防治项目实施方案（2013—2015 年）》，确定在全国开展山洪灾害调查评价、已建非工程措施补充完善和重点山洪沟防洪治理三方面的建设任务。

（1）项目建设内容。

1）山洪灾害调查评价。在规划确定的山洪灾害防治区，按照 10～50km^2划分小流域，以小流域为单元，基本查清我国山洪灾害的区域分布、灾害程度、主要诱因等，划定防治区沿河村落的危险区，确定预警指标和阈值。

2）已建非工程措施补充完善。在已经初步实施的 2058 个县级非工程措施项目建设成果的基础上，补充优化监测站网，完善预警系统，补充预警报警设施设备，完善县级监测预警平台并延伸到乡镇，建设各级山洪灾害监测预警信息管理和共享系统，继续开展群测群防体系建设。

3）重点山洪沟防洪治理。选择危害严重、且难以实施搬迁避让的部分重点山洪沟进行治理试点建设。2013—2015 年，共投入资金 142.82 亿元，其中中央财政资金 115.98 亿元，地方落实建设资金 26.84 亿元。

（2）项目建设成果。通过山洪灾害调查评价，初步查清了我国山洪灾害防治区的范围、人员分布、社会经济和历史山洪灾害情况。全国共调查了 2138 个县级单位、3.2 万个乡镇，约 47 万个行政村，157 万个自然村。初步划定防治区面积 386 万 km^2（其中重点防治区面积 120 万 km^2），确定防治区行政村约 19.8 万个、人口 3 亿人，并对防治区内居民家庭财产和房屋进行了分类调查。调查历史山洪灾害 5.4 万场次、调查涉水工程约 25 万座；分析了 53 万个小流域的暴雨洪水特征，评价了 16 万个重点沿河村落的现状防洪能力，确定了17万组预警指标，划定危险区40余万处，绘制了近50万张危险区图，并相应明确了转移路线和临时避险点。

通过非工程措施补充完善，全国补充建设了自动监测站点2.3万个，累计达到7.5万站。建设图像、视频监测站点2.7万个，实现了图像、视频信息在各级防汛部门之间的共享。建设30个省级、305个地市级监测预警信息管理系统，完成2058个县的计算机网络及会商系统完善、1761个县级预警信息发布能力升级、2058个县级平台软件升级完善（县级平台延伸到18924个乡镇）、移动巡查设备32714套，形成了中央、省、市、县、乡互联互通信息管理系统。补充简易监测站16万个，累计达到36万个，报警设施设备40万台套，累计达到140万台套。编制修订县、乡、村山洪灾害防御预案32万件，制作了55万块警示牌、宣传栏、转移指示牌，发放了1501万张明白卡，组织了1106万人次培训、演练。

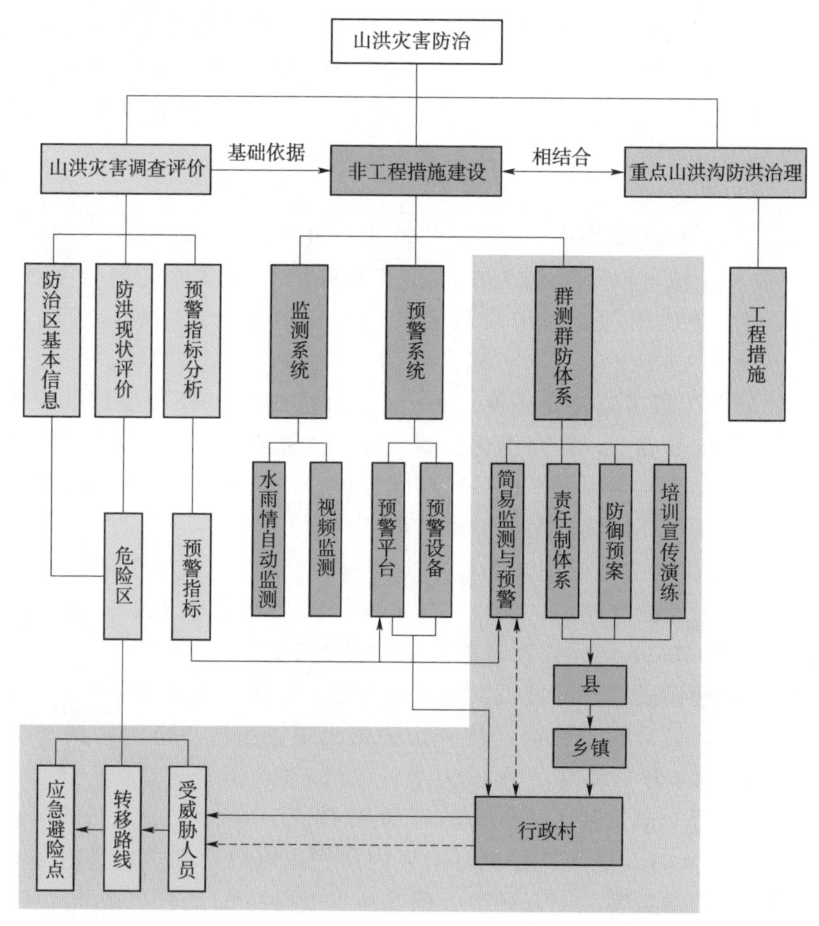

图1-6　山洪灾害防治项目建设内容框架示意图

通过重点山洪沟防洪治理，按照“护、导、通”治理原则，完成了342条重点山洪沟防洪治理项目，保护1811个行政村，45423个自然村，保护人口311万人，在部分重点山洪沟所在小流域初步建成了非工程措施与工程措施相结合的综合防治体系。

山洪灾害防治项目的内容框架示意图如图1-6所示，其中黄色部分为群测群防体系建设任务和监测预警信息传输流程。

链接：山洪灾害调查评价工作内容

1. 山洪灾害调查工作内容

(1) 以县级行政区划为单位，通过内业整理和现场调查，获取县（市、区、旗）、乡（镇、街道办事处）、行政村（居民委员会）、自然村（村民小组）和山洪灾害防治区内的企事业单位（包括受山洪灾害威胁的工矿企业、学校、医院、景区等）的基本情况和位置分布，包括居民区范围、人口、户数、住房数等，初步确定山洪灾害危害程度。

(2) 以省级行政区划为单位，以水文分区或县级行政区划为单元，收集整理山洪灾害防治区水文气象资料和小流域暴雨洪水分析方法。

(3) 对统一划分的小流域及其基础数据进行现场核查。根据地形地貌、社会经济和涉水工程现势性变化情况以及分析评价工作需要，使用现场采集终端，对小流域出口节点位置、土地利用和土壤植被进行核查，对有变化的区域提出修改建议。

(4) 在共享第一次全国水利普查有关水利工程成果的基础上，重点调查防治区内影响居民区防洪安全的塘（堰）坝、路涵、桥梁等涉水建筑物基本情况。

(5) 调查统计各县历史山洪灾害情况，包括山洪灾害发生次数，发生时间、地点和范围，灾害损失情况。重点是新中国成立以来发生的山洪灾害，确保不遗漏发生人员伤亡的山洪灾害事件。

(6) 在受山洪灾害威胁的沿河村落（城镇、集镇），通过现场查勘、问询、洪痕调查和专业分析等方法，调查历史最高洪水位或最高可能淹没水位，调查成灾水位，综合确定可能受山洪威胁的居民区范围（危险区），调查危险区内居民基本情况、企事业单位信息，在工作底图上标绘出危险区范围及转移路线和临时安置点。

(7) 对具有区域代表性的典型历史山洪参照水文调查规范开展调查，调查洪水痕迹，对洪痕所在河道断面进行测量，并收集历史洪水对应的降雨资料，计算洪峰流量，估算洪水的重现期。

(8) 对需要防洪治理的山洪沟基本情况进行调查，内容包括山洪沟名称、所在行政区、现状防洪能力、已有防护工程情况；山洪沟附近受山洪威胁的乡（镇）、村庄数量；人口、耕地、重要公共基础设施情况；主要山洪灾害损失情况、需采取的治理措施等。

(9) 以县级行政区划为单元，统计山洪灾害防治非工程措施建设成果，包括自动监测站、无线预警广播（报警）站、简易雨量站和简易水位站等的位置和基本情况。

(10) 对影响重要城（集）镇、沿河村落安全的河道进行控制断面测量，以满足小流域暴雨洪水分析计算，现状防洪能力评价，危险区划分和预警指标分析的要求。控制断面测量成果要反映河道断面形态和特征，标注成灾水位、历史最高洪水位等。

(11) 在防治区山洪灾害调查的基础上，对重点防治区（部分重要城镇、集镇和村落）内受威胁的居民区人口，住房位置、高程和数量等进行现场详查，以获取居民沿高程分布情况。

2. 分析评价工作内容

(1) 分析山洪灾害防治区内小流域暴雨洪水特征。主要针对五种典型频率，分析计算小流域标准历时的设计暴雨特征值以及以小流域汇流时间为历时的设计暴雨和对应设计洪水的特征值。

(2) 确定山洪灾害重点防治区内沿河村落、集镇、城镇等防灾对象的现状防洪能力。主要包括成灾水位对应流量的频率分析，以及根据五种典型频率洪水洪峰水位及人口和房屋沿高程分布情况，制作控制断面水位-流量-人口关系图表，分析评价防灾对象防洪能力。

(3) 划分山洪灾害重点防治区内沿河村落、集镇、城镇等防灾对象的危险区等级。将危险区划分为极高、高、危险三级，并科学合理地确定转移路线和临时安置地点。

(4) 确定山洪灾害重点防治区内沿河村落、集镇、城镇的预警指标。重点分析流域土壤较干、较湿以及一般三种情况下的临界雨量，进而确定准备转移和立即转移雨量预警指标。

资料来源：国家防汛抗旱总指挥部办公室、中国水利水电科学研究院. 全国山洪灾害防治项目（2010—2015年）总结评估报告

（四）山洪灾害防治项目建设成效

2010—2016年，全国山洪灾害防治项目累计投入资金约279亿元，初步建成了全国2058个县的山洪灾害监测预警系统和群测群防体系，并在近年防

汛中发挥了很好的防灾减灾效益，被山区广大群众和地方政府誉为“生命安全的保护伞”。汪洋副总理2014年对山洪灾害防治项目建设工作作出重要批示，指出适合我国国情的山洪灾害监测预警系统和群测群防体系的初步建立，意义重大，成绩斐然。望再接再厉，确保实现至2020年的预定目标。项目用相当于修建一座大型水库的投入，创建了适合我国国情的群专结合的山洪灾害防御体系，填补了我国山洪灾害监测预警系统空白，取得了显著的防灾减灾效益。

1. 初步建成了山洪灾害防御体系

（1）全面开展山洪灾害调查评价。统一组织开发了基础数据、工作底图和工具软件，确保一致性，取得了大量原创性成果，基本查清了我国山丘区小流域下垫面情况。

（2）建成了世界上最大规模的山丘区实时雨水情监测网络。报汛时段由1h缩短至5min或10min，监测的总信息量增加了100余倍，实现了局地暴雨、山洪的捕捉和监测，增加了山洪灾害防治区站网密度，有效解决了我国山洪灾害防御缺乏监测手段和设施的问题。

（3）建成了2058个县级、305个地市、29个省（自治区、直辖市）和新疆生产建设兵团山洪灾害监测预警平台。实现了自动监测、实时监视、动态分析、统计查询、在线预警等功能，有效提高了县级防汛部门对暴雨山洪的监测预警水平，实现了中央、省、地市、县级雨水情信息和预警信息的共享共用、互联互通。

（4）建成了基层预警系统。按照“因地制宜、土洋结合、互为补充”的原则，在山洪灾害防治县、乡、村配备140多万处报警设施设备，实现了多途径、及时有效发布预警信息，初步解决了预警信息发布“最后一公里”问题。

（5）完善了群测群防体系。建立了覆盖山洪灾害防治区县、乡（镇）、行政村、村民小组、户五级责任制体系，编制或修订完善了县、乡、村山洪灾害防御预案，制作了警示牌、宣传栏，发放了明白卡，2010—2016年共组织了1635万人次培训、演练，增强了基层干部群众的防灾减灾意识，提高了自防自救和互救能力。

（6）开展了山洪沟防洪治理试点。有效提升了保护对象的防洪标准与防冲能力，在重点山洪沟所在小流域初步建成了非工程措施与工程措施相结合的综合防治体系。部分地区将山洪沟治理与新农村整治相结合，改善了村容村貌和周边环境，受到群众的极大欢迎。

2. 提升基层防汛减灾能力和水平

（1）提升了基层信息化水平。山洪灾害防治项目充分利用现代信息技术，构建了覆盖全国2058个县的县级防汛指挥平台，实现了防汛指挥系统向县级延伸，部分重点区域还将防汛计算机网络、视频延伸到乡镇。为县乡配备了信息传输必需的计算机、传真机等基本办公设备，配备了宽带网络等，极大地提升了基层信息化水平。

(2) 中央、省、市、县四级实现了互联互通。水利部和29个省（自治区、直辖市）和新疆生产建设兵团、305个地市建设了山洪灾害监测预警信息管理系统，集成和共享了各级山洪灾害防治基础信息和实时监测预警信息，使各级防汛指挥部门能够及时掌握基层山洪灾害防御动态，加强对山洪灾害防御工作的监督和管理。

(3) 提高了基层指挥决策能力。山洪灾害防治县已基本构建了满足防汛实际业务网络信息平台、视频会商系统等，能够实现各类数据的快速汇集，并通过新建雨水情监测站点和信息共享，实现了山洪灾害防治区监测网络的基本覆盖，从而使得山洪防治的决策变得有据可依，更迅速、更严谨、更专业，实现从监测到预警到转移的无缝衔接。

(4) 转变了山洪灾害防御模式，实现从被动防御向主动防御转变。位于山洪灾害危险区的监测网络实时监测传输水雨情信息，并由监测预警平台自动快速汇集处理、直观展示，防汛指挥机构据此科学决策，多渠道、高效率、及时定向发出预警信息，为主动预防转移避险争取宝贵时间，改变了过去因监测站点缺乏、信息采集手段落后、预警渠道单一、应急预案不完善，眼不明、耳不聪、声不至造成的被动避险的防御局面。

3. 发挥了显著防洪减灾效益

从近年山洪灾害防御工作实际来看，通过项目建设的山洪灾害监测预警系统和群测群防体系，基本实现“预警及时、反应迅速、转移快捷、避险有效”的目标，发挥了很好的防灾减灾效益。已建项目累计发布转移预警短信5800多万条，启动预警广播58万次，转移人员2100万人次，避免人员伤亡数十万人次。近年山洪灾害造成的死亡人数呈明显下降趋势。自2011年项目逐步建成投运以来，年均因山洪灾害死亡约414人[1]，较2000—2010年年均死亡人数大幅减少60%以上。各级政府和山丘区群众赞誉其为“生命安全的保护伞”和“费省效宏、惠泽民生的德政工程”。

4. 取得了系列原创性成果

项目建设克服了国内外无现成的技术标准、无可资借鉴的经验等困难，在建设思路、总体布局、实施方式、管理运行等方面，都充分考虑了山洪灾害点多、面广、灾重和防御管理人员少、技术力量弱、交通不便、居住分散等特点，取得了大量创新性成果，且每项成果都经历了探索归纳、总结提炼、实践

[1] 截至2016年底统计数据。

检验、逐步推广的过程。

（1）建立了山洪灾害防治技术标准体系。水利部会同财政部印发了《全国山洪灾害防治项目建设管理办法》《中央财政山洪灾害防治经费使用管理办法》《山洪灾害防治非工程措施运行维护指南》等文件；国家防总办公室组织有关单位和专家，制定了监测预警系统、群测群防体系、山洪沟防洪治理、调查评价相关的40多项技术要求，组织制定了《山洪灾害监测预警系统设计导则》等五项行业标准。

（2）取得了防治理论和技术系列原创成果。构建了我国山洪灾害防治的总体技术路线、技术框架和实施方案，初步形成了适合国情的山洪灾害防治理论技术体系，在小流域下垫面条件提取、产汇流特征分析、无资料地区小流域暴雨洪水和预警指标确定方法、雨水情监测站网布设、监测预警信息管理平台、预警设施设备、群测群防模式等方面取得了一系列原创成果，组织刊发了100余篇山洪灾害有关学术专题、经验总结交流论文。

（3）构建了适合我国国情的防治体系。实现了国家、流域、省、市、县及重点乡镇山洪灾害监测预警平台的互联互通与信息共享，显著提高了我国基层防汛信息化水平和指挥决策能力；建立了雨水情监测网络和预警信息快速发布系统，填补了我国山洪灾害监测预警系统空白；建立了县乡村组干部负责制、乡村山洪灾害防御预案、简易监测预警设备等共同发挥作用的基层群测群防体系，创造了中国特色的山洪灾害群测群防模式；创新了项目建设管理模式，培养了大批技术和管理人才。

第二章 山洪灾害群测群防体系

本章着力论述群测群防体系建设，围绕什么是群测群防、为什么要开展群测群防、群测群防做什么三个问题，分析了群测群防的内涵和在我国山洪灾害防御体系中的重要性，简要介绍了群测群防体系6方面的内容以及我国山洪灾害群测群防体系建设成果和取得的经验。实践表明，群测群防体系是中国特色的防灾减灾模式，通过“十个一”及“三个给”（给知识、给方法、给工具），2058个县的20万个行政村建立了山洪灾害防治工作规范，夯实了基层面对突发灾害的生命保护网底，极大地提升了基层防灾减灾能力。

第一节 山洪灾害群测群防的含义及其重要性

一、群测群防的含义

（一）“群”的范围及构成

山洪灾害群测群防的“群”，应从两个层面来分析❶。

1. 从构成对象上分析

群之义：其一，群众，或狭义的群众。指从受益对象的角度出发，山洪灾害群测群防的参与人员，主要指以村组（社区）为单位，在山洪威胁区内的居住人员。其二，群体，或广义的群众。指从山洪灾害防御群测群防体系所有参与人员的角度出发，在各级防指的统一领导下，除山洪威胁区内的居住人员以外，村、村组（社区、居民小组）干部，乡镇（街道）干部，民政、水务、国土资源气象等部门的横向纵向联系。

2. 从发挥作用上分析

群，有群力之意。指在整个山洪灾害群测群防体系内，从纵向不同层级到横向相关部门的联合，是对所有力量的总动员。群，也有群策之意。指在山洪

❶ 重庆市防汛抗旱抢险中心《重庆山洪灾害防御报告——山洪灾害群测群防体系标准制定与研究》，2015。

灾害防御当中，对所有构成人员技术、智慧等主观能动性的总动员。

（二）“测”的范围及构成

测，在山洪灾害防御中，按形式可分为预测、观测、监测；按事态发展可分为灾前测、灾中测、灾后测。山洪灾害群测的重点是灾前监测。山洪灾害的主要成灾因子为降雨和洪水，便于群众采用简易设备观测。通过价廉的简易站点监测降雨和洪水，并配有预警发布终端，提高了暴雨洪水的监测密度，还有效解决了预警信息“最后一公里”的问题。

（三）“防”的范围和构成

防字，意为戒备，守卫，抵挡，防范，管束等。真正有效的防，是预防，即防患于未然。更重要的是，防是主动作为。

（1）防的组织。山洪灾害群测群防依托建立县、乡、村、组、户的5级责任制体系，明确了各级各类责任人员的职责，形成了群测群防的组织体系。

（2）防的方案。即山洪灾害防御预案，包括灾害风险识别、防御组织体系及职责分工、监测站点分布及预警方式、宣传培训演练安排等。

（3）防的能力。通过宣传、培训、演练提高村组（社区）群众主动防范、依法防灾的自觉性，提高公众灾害防范意识和主动防灾避险能力。

（4）防的行动。一方面接收县级、乡镇防汛指挥部门发送的预警信息，并传达到组、到户，组织转移；另一方面开展群测群防、自测自防，实现以村组或户为单元的自我防御、主动避险。

二、群测群防在山洪防御中作用

在国外和台湾地区，一般将群测群防称为“社区防灾减灾”。国内外均把社区的防洪减灾能力（群测群防体系）建设作为降低脆弱性以及洪水灾害管理战略的重要因素。2005年在日本兵库县召开的联合国世界减灾大会，通过了《加强国家和社区的抗灾能力2005—2015年行动纲领》，把社区减灾提高到和国家减灾并列的层面，并把社会各界特别是社区发展和强化各种减灾组织、体制和能力，促进减灾工作作为三项重要的战略目标。从2002年编制《规划》伊始，群测群防作为山洪灾害防治的“两条腿”之一，就受到特别的重视。群测群防体系与专业化的监测预警系统相辅相成、互为补充，共同发挥作用，形成“群专结合”的山洪灾害防御体系。

（一）群测群防体系是专业监测预警系统的补充和落脚点

1. 专业监测站网的补充

我国山洪灾害防治区面积大，山丘区地形、地貌复杂，局地小气候特征明显。虽然建设了大量自动雨水情监测站点，但仍有可能未捕捉到局部突发性暴雨。采用“群测”方式，可充分发挥简易站点数量多、造价低的优势，弥补专业监测站点密度不足的缺陷，成为自动监测系统的有效补充和链接点。

2. 专业监测预警系统的备份

山洪灾害暴发常常导致通信、供电的中断，而群测群防网点多、密度大，手段丰富多样，在专业监测预警设施失效，通信、电力中断的情况下，可实现自测自报，“村自为战、组自为战”，成为专业监测预警系统的有效备份。

3. 接力传递预警信息

专业监测预警系统通过专业化监测手段监测雨水情，通过专业模型分析预测山洪灾害发生发展的趋势并作出预警，但是要在基层社区传达到位，这有赖于以县、乡、村、组、户5级责任制体系和山洪灾害防御预案，依赖于群众对灾害的认知度和自觉性，专业监测预警系统必须依靠群测群防体系才能实现预警信息传达到位的目标。

（二）群测群防体系对于防御山洪灾害具有很强的针对性

1. 对山洪灾害点多面广的特点具有针对性

根据调查评价成果，我国山洪灾害防治区面积为386万km^2，防治区内有行政村20万个、自然村56.6万个。我国每年约发生一万余起山洪灾害。由此可见，我国山洪灾害的主要特点就是点多面广，且主要发生在农村。为了防御山洪灾害，要充分依靠位于防灾最前沿的广大群众，通过自测自防和主动防范与避险意识实现山洪灾害有效应对。

2. 对山洪灾害突发迅速的特点具有针对性

山洪灾害具有突发性的特点，成灾极快，难以预测，需要在很短的时间内完成监测、预警和人员转移避险等工作。为了尽最大可能争取转移时间，需要缩短监测预警信息传递的流程，“以快制快”。群测群防体系以最前沿的村组为防御单位，直接监测预警，增加了应对时间。

（三）群测群防适应了我国国情

1. 适应经济社会发展水平

据统计，78.45%的山区县处于工业化初期和传统农业阶段，真正进入后工业化和发达经济阶段的山区县仅为1.43%[1]。山洪灾害不仅对山区居民的生命安全造成威胁，而且是山区贫困的主要根源之一。我国贫困山区县同时也是山洪灾害易发区、频发区。要防御点多面广的山洪灾害，主要采取工程措施既不现实，又不经济。山洪灾害防治项目已构建了覆盖全国2058个县的县级防汛指挥平台，实现了防汛指挥系统向县级延伸，但尚无条件覆盖至所

---

[1] 陈国阶、方一平、高延军《中国山区发展报告：中国山区发展新动态与新探索》，2010。

有乡村。唯有通过群测群防体系，充分依靠广大群众，开展群测群防，提高群众的主动防灾避险意识，才是在农村当前经济社会条件下的现实选择和有效手段。

2. 适应技术发展水平

我国采用群专结合的防治路线。专业化的监测预警系统具有控制范围大、面向流域、监测数值准确可靠、有利于水文模型分析等优点，但是也存在依赖于通信网络、建设费用较高、预警信息传输流程复杂的问题，在技术上并不能完全确保山洪灾害预警信息传达到位。而群测群防体系将监测预警方式“土洋结合”，因地制宜，很大程度上弥补了专业监测预警系统技术上的缺陷。

3. 结合农村治理结构

村民委员会是建立在我国社会的最基层、与群众直接联系的基层群众性自治组织，承担了本村的公共事务和公益事业。山洪灾害的特点决定了基层的区县、乡镇、村社是防御灾害的前沿和主战场。充分发挥基层组织和广大人民群众自身的力量，搞好群测群防，是做好山洪灾害防御工作的关键。山洪灾害群测群防体系建设根据我国基层行政结构的特点，建立了依托村民委员会的“包保制度”，完善了防御责任制体系，充分发挥了基层党员干部作用，确保防御责任“横向到边，纵向到底”。

第二节　群测群防体系的建设内容

山洪灾害群测群防体系（图 2-1）建设范围涉及县、乡（镇）、村，重点是村。主要内容包括责任制体系建立；县、乡（镇）、村山洪灾害防御预案编

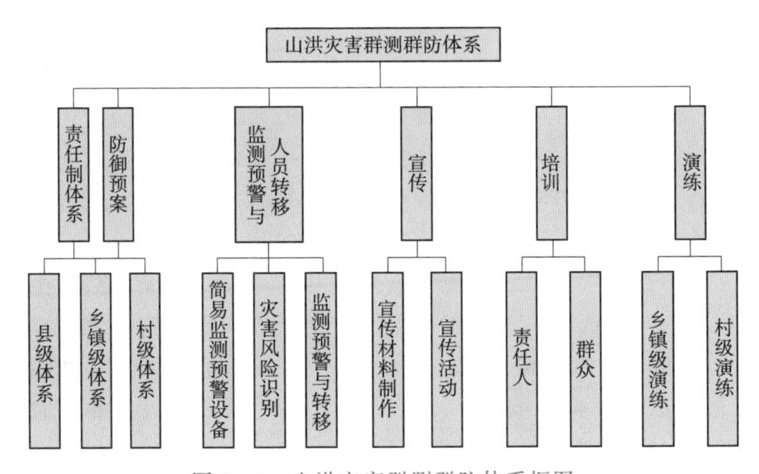

图 2-1　山洪灾害群测群防体系框图

制；监测预警；宣传、培训和演练等。

《山洪灾害群测群防体系建设指导意见》明确提出，山洪灾害防治区内的行政村应按照“十个一”标准建设群测群防体系：建立1套责任制体系，编制1个防御预案，至少安装1套简易雨量报警器（重点区域适当增加），配置1套预警设备（重点防治区行政村含1套无线预警广播），制作1个宣传栏，每年组织1次培训、开展1次演练，每个危险区确定1处临时避灾点、设置1组警示牌，每户发放1张明白卡（含宣传手册）。“十个一”规范了群测群防体系村组单元的建设内容和数量要求。

一、责任制体系

山洪灾害防御工作实行各级人民政府行政首长负责制，建立县、乡（镇）、行政村、村民小组、户五级山洪灾害防御责任制体系，建立县、乡（镇）、行政村三级群测群防组织指挥机构。

有山洪灾害防御任务的县级行政区，山洪灾害防御工作由县级人民政府负责，由县级防汛抗旱指挥部（以下简称防指）统一领导和组织山洪灾害防御工作。有山洪灾害防御任务的乡（镇）成立相应的防汛指挥机构。县级、乡（镇）级防汛指挥机构设立监测组、信息组、转移组、调度组、保障组及应急抢险队等工作组。有山洪灾害防御任务的行政村成立山洪灾害防御工作组，落实相关人员负责雨量和水位监测、预警发布、人员转移等工作。

山洪灾害防治区内的旅游景区、企事业单位均应落实山洪灾害防御责任人，并与当地政府、防汛指挥机构保持紧密联系，确保信息畅通。

二、山洪灾害防御预案

山洪灾害防御预案是在现有防治设施条件下，针对可能发生的山洪灾害，事先做好防、撤、抢、救各项工作准备的方案。防灾预案是防御山洪灾害中实施指挥决策、调度以及抢险救灾的依据，是基层组织和人民群众防灾、救灾各项工作的行动指南。地方各级人民政府，尤其是基层的县级、乡（镇）级、村级，应根据各地的特点，因地制宜地制定各地的防灾预案。

山洪灾害防御预案分县级、乡（镇）级和村级三级编制。县级山洪灾害防御预案由县级防汛指挥机构负责组织编制，由县级人民政府负责批准并及时公布，报上一级防汛指挥机构备案。乡（镇）级、村级山洪灾害防御预案由乡（镇）级人民政府负责组织编制，由乡（镇）级人民政府批准并及时公布，报县级防汛指挥机构备案。县级防汛指挥机构负责乡（镇）级、村级山洪灾害防御预案编制的技术指导和监督管理工作。山洪灾害防御预案应根据区域内山洪灾害灾情、防灾设施、社会经济和防汛指挥机构及责任人等情况的变化及时修订。

三、监测预警与人员转移

在受山洪灾害威胁的社区（人员聚集区）等地，相关防汛责任人和群众在灾害风险识别的基础上，采用简易监测预警设备，利用相对简便的方法监测雨量和水位等指标并及时向受威胁群众传播预警信号，组织人员转移。社区灾害防御的本质是“风险自我识别、灾害主动防御、信息传达到位”。

四、山洪灾害防御知识宣传

在山洪灾害防治区，应采用会议、广播、电视、网络、报纸、宣传片、宣传栏、宣传册、挂图及明白卡等多种方式持续宣传山洪灾害防御常识；在危险区设置警示牌、危险区标牌、避险点和转移路线标识牌等。应每年至少开展一次全方位、多层次、多形式的宣传活动，使群众掌握山洪灾害防御常识，了解山洪灾害危险区域，熟悉预警信号和转移路线，提高群众主动防灾避险的意识，掌握自救互救的能力。

山洪灾害防御宣传材料，包括宣传画册、宣传光碟、明白卡、宣传栏、警示牌、标识标牌、挂图、传单等，要按省级统一要求和统一规格样式进行制作、安装和发放。

五、山洪灾害防御知识培训

定期进行基层山洪灾害防御责任人培训，培训的主要内容包括山洪灾害防御预案、监测预警设施使用操作、监测预警流程、人员转移组织等。

定期进行山丘区干部群众山洪灾害防御常识培训，培训的主要内容包括山洪灾害基本常识和危害性、避险自救技能等。

六、山洪灾害防御演练

由县级防御机构组织或指导，山洪灾害防治区内的乡（镇）和村，定期组织防御山洪灾害应急演练，旨在提高防御机构的工作能力，使群众熟悉预警信号、转移路线和避险地点，提高人民群众遇到山洪灾害时的自救能力和逃生能力，检验山洪灾害应急预案和措施的可行性，锻炼防汛抢险队伍、各响应部门的应急能力。

乡（镇）级演练的项目和内容可丰富齐全，包括预警发布、紧急转移、抢救伤员、防疫等内容。村级演练则可适当简化，主要内容为预警信息发布和人员转移。

第三节　山洪灾害群测群防体系建设成效

一、群测群防体系建设成果与经验

（一）建设成果

1. 形成了广泛分布的群测群防体系

2010年以来，通过山洪灾害防治项目，全国有山洪灾害防治任务的2058个县均已建立了县、乡（镇）、行政村、村民小组、户五级山洪灾害防御责任制体系，划定危险区43.9万余处；采用因地制宜、土洋结合的原则配置预警设施设备，新建融合降雨监测和预警功能的简易雨量报警器29.6万处，简易水位站6.4万处，配发手摇警报器和铜锣等报警设施设备115.5万台套；编制了县、乡、村及相关企事业单位山洪灾害防御预案32万件；制作警示牌、宣传栏、转移指示牌119万块，发放明白卡6652万张；组织培训演练1635万人次。对比山洪灾害防治区村庄数量，责任制体系、简易监测预警设施设备和预案覆盖率达到了100％。

2. 建立了被动和主动相结合的村组防御模式

基层村组形成了被动接收信息和主动监测预警相结合的防御模式：一方面接收县级、乡镇防汛指挥部门发送的预警信息，并传达到组、到户；另一方面开展群测群防、自测自防，实现以村组为单元的自我防御、主动防御。实现了多途径、及时有效发布和传达预警信息，解决了预警信息传达“最后一公里”问题。

3. 广大干部群众防御意识和能力显著提高

通过宣传和普及山洪灾害防御知识，在重点部位以直观的方式展示山洪灾害危险区的范围和分布情况，提高山洪灾害防治区人民群众主动防范、依法防灾的自觉性，增强了人们的自救意识和能力。从2016年组织的29个省（自治区、直辖市）近6万份调查问卷的数据统计分析结果来看，山洪灾害防御常识知晓率、山洪灾害避险技能掌握率分别为88％、85％，可见，公众灾害防范意识和主动防灾避险能力得到了整体提高。

（二）建设特点

（1）覆盖范围广，影响人口多。项目建设覆盖了全国超过一半的陆地国土面积，覆盖29个省（自治区、直辖市）、305个地市、2058个县（2138个县级单位）、6万个乡镇、20万个行政村，涉及范围之广、人口之多，前所未有。

（2）建设成果多，发挥效益快。项目建设配备了大量的监测、预警设施设备，广泛开展了宣传、培训、演练，建成的群测群防体系很快在山洪灾害防御实战中发挥效益，取得了显著的防灾减灾效用。

(3) 扎根最底层、形成全体系。山洪灾害防治工作立足于广大乡村基层，建立了山洪灾害防治县、乡（镇）、行政村、村民小组、户五级责任制体系，坚持武装基层防御人员，配备各种监测预警手段，在“人、物、意识”三方面提升基层山洪灾害防御能力。

(三) 取得的经验

(1) 通过项目实施带动体系建设。把危险区普查、责任制、预案、宣传培训和演练等基层村组（社区）防灾工作均纳入山洪灾害防治项目建设任务，按照项目建设程序实施，依据项目建设管理办法进行验收和考核，确保达到群测群防体系建设的目标。

(2) 通过“三给”实现基层防洪减灾能力提升。对基层社区给经费、给知识、给工具，配备大量简易监测预警设备，围绕简易预警设备开展自主防御，广泛开展宣传教育和演练。

(3) 开展“十个一”标准化建设。制定村组（社区）群测群防建设数量和质量标准，发放大量群测群防的各种材料样本范例，使群测群防工作开展有依据、有样本，确保了体系建设的数量和质量，引导开展了标准化防灾社区建设。

链接：重庆市山洪灾害防御常识与基本技能及防治工作满意度问卷调查

为评估重庆市山洪灾害群测群防体系建设效果，重庆市开展了山洪灾害防御常识与基本技能及山洪灾害防治项目满意度两项调查问卷。发放“山洪灾害防御常识与基本技能调查问卷”2245份，涵盖全市38个防治区县，约占防治区总人口的万分之一。调查问卷中，按年龄结构划分，小于40岁的人群占31.8%，40～60岁的人群占56.5%，大于60岁的人群占11.7%；发放“山洪灾害防治项目满意度调查问卷”2161份，涵盖全市38个防治区县，约占防治区总人口的万分之一。调查问卷中，按年龄结构划分，小于40岁的人群占33.5%，40～60岁的人群占56.2%，大于60岁的人群占10.3%。

1. 山洪灾害防御常识知晓率调查结果

重庆市山区居民对山洪灾害防御常识各项目达到熟悉程度及以上的占90%～96%，且普遍在95%以上。与其他山洪灾害防御常识调查项目相比较，重庆市山区人口对“山洪灾害基本概念”和“山洪暴发前的征兆”熟悉掌握程度在95%以下。

山区居民中对山洪灾害防御常识各项目不熟悉的人员虽然占统计总人数的百分比较少，但是在各年龄段均有分布。其中40～60岁的人群对山洪灾害防御常识的熟悉程度最高，不熟悉人数仅为该年龄段统计总人数的2.3%～5.6%；大于60岁的人群和小于40岁的人群对山洪灾害防御常识的熟悉程度相对较低，主要体现在对“山洪灾害暴发前的征兆”“当地危险区、安全区划分”和“当地预警信号”上，同时，小于40岁的人群对“山洪灾害基本概念”的熟悉程度也相对较低。

2. 山洪灾害防御避险技能掌握率

重庆市山区居民知道山洪灾害基本应对技能各项目的占85.1%～93.8%，比山洪灾害防御常识调查项目的熟悉程度略低。与其他山洪灾害基本应对技能相比较，重庆市山区居民对“旅游遭遇山洪灾害的应对措施”知道程度相对较低，仅为85.1%。

3. 公众满意度

问卷内容包括总体评价、对山洪灾害防治项目成效和总体质量的满意度、对县级防汛抗旱部门开展山洪灾害防治工作的满意度有4个方面。调查结果显示，重庆市山区居民对山洪灾害防治项目的满意程度很高，均在93%及以上，其中对县级防汛抗旱部门开展山洪灾害防治工作非常满意的人口占统计数的63.3%，为各调查项目的最高值。

问卷调查显示，重庆市2010—2015年的山洪灾害防治项目能够有效提升地方防汛部门为社会公众和其他部门提供信息服务的能力，项目实施后，可以及时有效地发布预警信息，提升灾区居民的防灾避险意识和自救能力，使得灾区居民可以提早准备，有效预防，得到了基层群众的广泛认可，获得了很高的评价，同时也有助于提升公众对政府部门的满意度。

资料来源：重庆市防汛抗旱抢险中心，北京中水科工程总公司. 重庆市2010—2015年山洪灾害防治项目总结评估报告，2016

二、中国特色的群测群防模式

（一）地方经验

2010年以来，山洪灾害防治建设取得了丰硕的成果，初步建设了2058个县的山洪灾害监测预警系统及涉及22万个行政村的群测群防网络。各地在基层乡村防洪减灾能力建设方面逐步探索出了一条具有中国特色的科普宣传、演练动员、监测预警的平战结合系统组织模式和路径（表2-1）。

表 2-1　　各地群测群防典型做法与经验

地点	类型	做法名称	特点	内　　容
河南栾川	体系建设	栾川模式	体系建设内容全面宣传教育形式丰富多彩	①层层落实责任制；②强化村级组织建设；③抓好安全转移体系建设；④强化预警条件建设；⑤开展山洪灾害调查评价；⑥抓好预案修编演练；⑦强化防御知识宣传；⑧做好防御应急准备。详见本节第三部分
浙江温州	体系建设	"十个一"模式	指标明确，便于考核	一个机构、一支队伍、一套系统（设备）、一套预警设施、一批重点、一套制度、一套预案、一批物资、一批场所、一定经费。详见本节第三部分
广东	体系建设	"五个一"模式	指标明确，便于考核	每县建设一套监测预警平台，每镇（街道）建立三防办事机构，每镇建成一套视频会商系统，每自然村配置一个铜锣，每个村制定一个操作预案。详见本节第三部分
北京	责任制	"七包七落实"	责任划分清楚，责任落实明确	七包：区县干部包乡镇，乡镇干部包村，村干部包组，组包户，单位包职工，学校包学生，景区包游客。七落实：落实转移地点，落实转移路线，落实抢险队伍，落实报警人员，落实报警信号，落实避险设施，落实老弱病残等提前转移。详见第三章第三节
福建	责任制	"锣长"制	落实责任，土法防山洪	存在山洪灾害隐患的自然村发放一面铜锣，确定具体责任人，选好锣长，落实好临灾前预警设备的使用和保管工作，在出现险情通信中断的情况下，"锣长"必须鸣锣示警，通知群众紧急避险。详见第三章第三节
安徽	责任制	网格化管理模式	针对山丘区群众居住分散和外来流动人员增加的情况，细化责任	以行政村（居委会）为单元，划定责任网格区，核定受山洪灾害影响人员的数量和分布，明确山洪灾害预警转移责任人，建立山洪灾害应转移人群和转移责任人数据库，实行人员转移避险定员定责、分片包干。详见第三章第三节
黑龙江	预案编制	"六打"预案编制法	提高了山洪灾害防御预案的可操作性	"打假"：预案应当进行全面细致地反复查验，符合当地实际。"打实"：山洪灾害防御各环节细化、实化。"打样"：省、市、县三级防汛部门深入海林市新民四队共同研究编制了预案"样本"。"打乱"：打破行政区域限制，从流域上游向下游进行预警监测并传递信息。"打破"：广泛听取各方意见并组织讨论。"打薄"：把各家各户应该熟知的编成"明白卡"给群众，变为"卡式预案"，一户一张。详见第四章第四节
广东肇庆	预案编制	"一页纸"预案	编制的预案简单易懂、操作性强	明确预案编制的要素"五个一"，严格限定预案篇幅。详见第四章第四节

续表

地点	类型	做法名称	特点	内　　容
湖南洪江	简易监测预警	洪江模式	资源共享、部门合作	协调水利与广电两部门，将山洪灾害预警广播系统与农村广播系统相结合，打造成一个统一的广播平台。详见第五章第一节
北京、河南	人员转移	提前进村入户机制	应对大规模群发山洪灾害时组织转移力量不足的问题	根据气象预报预警，按照县包镇、镇包村、村包户、党员包群众的要求，组织干部提前进村入户，组织人员转移。详见第五章第二节
四川屏山	人员转移	结对转移模式	建立转移避险和互救机制	逐一制定隐患台账、转移人员名单和接待安置点名单。接安人优先选择亲友，转移以投亲靠友为主，签订三方（转移人、接安人、乡镇政府）协议，一旦接到暴雨预报，接安人立即通知、协助转移人转移，并对吃住和安全负责。详见第五章第二节
陕西铜川	人员转移	联户叫醒模式	建立转移避险和互救机制	按照就近原则将十户或五户群众编成一组，推选一名责任心强的群众担任联户叫醒责任人。由联户叫醒责任人负责传递预警信息和组织人员转移。详见第五章第二节
广西	宣传培训演练	集成模式	达到宣传教育全面、连贯的效果	首先进行集中培训，然后，组织一场典型的乡镇级演练，让参加培训的全体人员到现场观摩。在演练之后，利用现场的便利，对参演和围观的群众进行宣传

（二）中国模式

在各地典型群测群防做法与经验总结归纳的基础上，形成了中国模式。该模式基于我国的国情、社情，考虑基层社会治理结构的实际，由山洪灾害防治区的县、乡（镇）两级人民政府和村（居）民委员会主导，各级水利、防汛主管部门和相关技术单位开展专业指导，以县、乡（镇）、行政村、村民小组、户五级责任制体系为核心，以县、乡、村三级预案为基础，以简易监测预警设备和宣传培训演练为抓手，实现预案和简易监测预警设备到村、责任制到户、宣传教育到人，建立“人（责任制、预案）”“物（简易监测预警设备）”“意识和技能（宣传、培训、演练）”三方面有机结合的机制，全方位提高基层防汛减灾能力和水平。

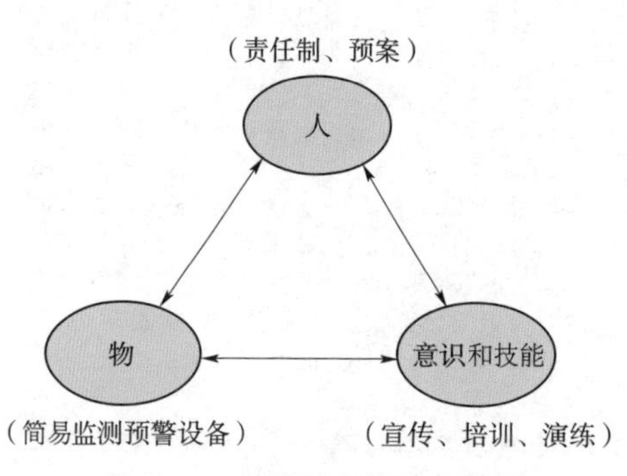

图 2-2　群测群防体系内涵图

群测群防体系内涵图如图 2-2

所示，群测群防中国模式的要件见表2-2。

表2-2　群测群防中国模式的要件

要件	内　容
目标	提高基层山洪灾害防御能力，最大限度减少人员损失
手段	建立健全责任制度、提高群众主动避险意识、形成社区（村组）自我监测和预警的能力
路径	县、乡政府主导，各级水利、防汛给予专业指导，对基层防御单元给经费、给工具、给知识
要求	县乡防御组织机构健全、责任落实，基层行政村达到“十个一”
责任制	内涵：强化县级防汛指挥机构山洪灾害防御职责，依托基层治理体系，将山洪灾害防御责任特别是行政首长负责制向下延伸至乡、村、组、户。 县级：在县级防汛指挥部的架构基础上，强化山洪灾害防御职责。 乡级：依托乡镇政府，成立乡镇山洪灾害防御指挥机构。 行政村：成立以村主任为负责人的山洪灾害防御指挥机构，成立应急抢险队、监测预警队，确定监测预警员。 村组：落实转移包户的责任制度。 典型做法：七包七落实、锣长制等。 保障措施：编制预案，将山洪灾害防御组织机构、防御责任人、转移包户责任制张榜公布
预案	内涵：基层各级单位防御山洪灾害的方案与指南。 县级预案内容：基本情况、组织体系、监测预警、人员转移、抢险救灾、保障措施、附表附图。 乡镇预案内容：可按照县级预案样式，结合乡镇具体情况适当简化。 村级预案内容：明确防御组织机构、人员及职责、预警信号、危险区范围和人员、应急避险点、转移路线等。 典型做法：六打预案编制法、一页纸预案等。 保障措施：有山洪灾害防御任务的县、乡（镇）和行政村及相关企事业单位都要编制并经政府审批印发，根据人员变化情况及时修订
简易监测预警与人员转移	简易监测预警内涵：基层村组（社区）开展群测群防的手段，具有造价低廉、操作简便、信息易懂的特点。 简易监测预警设备类型：①具有雨量和水位等山洪成灾因子监测和报警，简易雨量报警器；②预警信息传达、发布设备（无线预警广播、铜锣、手摇警报器等）。 简易监测预警作用：①形成完善的监测站网；②带动基层防御责任落实；③缩短预警流程，增加应对时间；④独立运行，特殊情况下实现村自为战。 典型做法：浙江温州“十个一”、广东“五个一”模式；北京“提前进村入户”、铜川“联户叫醒”等。 保障措施：简易监测预警设备配置到村组、社区。预警发布传达一户不漏、一人不落。转移避险层层包干
宣传、培训、演练	内涵：提高群众主动防灾避险意识和自救互救技能的必要手段。 宣传要点：①采取群众喜闻乐见形式；②持续开展。 培训要点：针对基层防汛责任人和群众采取不同的培训内容。 演练要点：乡镇级演练内容包括人员预警发布、转移避险、抢险、救援等，村级演练内容以预警发布传达和人员转移避险为主。 保障措施：统一制定宣传、培训材料样例和演练脚本；持续开展

模式概括为：以人为本、以避为上、政府主导、专业赋能、结合地治、注入职责、双线预警、村自为战、普及宣教、全位提能。

以人为本：以人民为中心，把保障人民群众的生命财产安全作为山洪灾害防御的首要目标。

以避为上：把人员转移避险作为山洪灾害防御的主要手段。

政府主导：各级政府统一领导山洪灾害群测群防工作。

专业赋能：各级水利、防汛主管部门和相关专业技术单位对山洪灾害群测群防工作给予技术指导。

结合地治：山洪灾害群测群防体系紧密结合我国基层行政治理结构体系。

注入职责：依托村民委员会，建立了“包保制度”，充分发挥基层党员干部作用。

双线预警：两通道获取预警信息，一方面接收县级、乡镇防汛指挥部门发送的预警信息；另一方面基于简易监测预警设备开展群测群防、自测自防。

村自为战：在专业监测预警设施失效，通信、电力中断的情况下，实现自测自报，自主防御。

普及宣教：预案和简易监测预警设备到村、责任制到户、宣传教育到人，注重提高群众主动防灾避险意识和自救互救技能。

全位提能：山洪灾害防治区内的行政村按照“十个一”标准建设群测群防体系，全方位提高基层防汛减灾能力和水平。

三、典型群测群防体系建设案例

（一）栾川县全方位建设

河南省栾川县总面积2477km^2，辖12镇2乡1个管委会、213个行政村，人口34万。境内沟壑纵横，坡陡沟深，中山、低山、河谷、沟川等不同地貌形态错综交织；有伊河、小河、淯河、明白河4条较大河流，分属黄河流域和长江流域，基本地貌有“四河三山两道川、九山半水半分田”之称。特殊的地理位置和地质条件，造成了栾川山洪灾害易发、多发，尤其是在汛期，局部小气候多变，降雨时空分布不均，暴雨洪水来势猛，汇流形成快，山洪灾害防御难度大、任务艰巨。为了保障栾川人民的生命财产安全，近年来栾川县建成了完善的群测群防体系，具体内容如下：

1. 层层落实责任制

在落实县领导包乡镇、乡镇领导包村、村干部包组、组干部和党员包户到人的山洪灾害防御分包责任制的基础上，对全县所有水库、尾矿库、主要河道、地质灾害点、桥梁等防御重点部位全部逐级落实了行政负责人、具体责任人和巡查监控人员，达到了全县所有山洪灾害重点部位的防御责任全覆盖。

2. 强化村级组织建设

将山洪灾害防御组织关口前移，分别在全县213个行政村建立了山洪灾害防御办公室，每村设立雨量观测员、水位观测员、危险部位巡查员、鸣锣员、报警员，明确职责分工，强化基础建设，达到了全县所有村级山洪灾害防御组织的全覆盖。

3. 抓好安全转移体系建设

以行政村、自然组为单位，构建“五户联防”责任体系，建立了由“村委主任、村干部、危险区长、片长、联户长”组成的安全转移组织网络。尤其是对鳏寡孤独和老弱病残等特殊人员，采取人盯人、人包人的办法，逐一落实了安全转移责任人，达到了所有重点人群转移避险责任全覆盖，形成了上下联动、统一高效的山洪灾害防御组织网络。

4. 强化预警条件建设

在全县277个山洪灾害威胁区发放手摇警报器634个、安装预警广播537套、配发铜锣509面、配发喊话器383个，实现了所有山洪灾害防御区内的预警信息全覆盖。率先在陶湾镇、潭头镇开展了沿河重点村落预警入户试点，向危险区内群众配置预警收音机700部，达到预警信息的点对点、无障碍、高效率传输。

5. 开展山洪灾害调查评价

以小流域为单元，对全县213个自然村、728个沿河村落的暴雨特性、洪水规律、防洪现状、社会经济和历史山洪灾害等进行调查分析，科学划定预警指标和阈值，设定转移撤离路线，落实群测群防措施，为及时准确发布预警信息、安全转移人员提供基础支撑。

6. 抓好预案修编演练

结合县域实际，编制完成了县、乡镇、村三级山洪灾害防御预案和水库、尾矿库、河道、地质灾害点等重点部位预案以及旅游、教育、交通、通信等重点行业预案。每年汛期，分别组织开展县级、乡镇、村组、企业等不同层次的实战演练，增强全县各级责任人员的实战能力和应对水平。

7. 强化防御知识宣传

在广泛采取开辟专栏、设立咨询台、刷写宣传标语、逐户安装山洪灾害防御明白卡等宣传方式的基础上，不断创新宣传形式，增强宣传实效。依托县内高速公路、干线公路和县乡道路，精心打造了10条山洪灾害防御知识宣传通道；将山洪灾害防御知识融入河南地方戏曲，每年通过“送戏下乡”“电影下乡”的方式在全县巡回演出；在县城公交车、出租车和县乡客车上播放宣教知识，张贴宣传标语；在全县所有中小学校开展了“山洪灾害防御知识课堂”；

向群众发放山洪灾害防御宣传扑克、折扇、雨伞、挎包等日常宣传用品；在重点单位安装专用的山洪灾害预警信息机；编写《山洪灾害防御三字经》、谱写《十要十不要》山洪灾害防御歌，在乡间广泛进行传唱。同时，拍摄山洪灾害防御主题科普电影《山水乡情》、开发山洪灾害防御APP移动客户端软件，通过网络等新媒体拓宽宣传广度，提高宣传密度，增强广大干群的防洪避险意识和应急自救能力。

8. 做好防御应急准备

实行防汛物资县、乡镇、村、企业四级储备，保证各类物资需求。为全县重点村组和主要景区配备了救生衣、救生绳、安全带、喊话器、强光灯等应急设备，确保了山洪灾害防御救援需要。在县防汛指挥部安装无线短波通信和应急发电系统，向各乡镇配备车载超短波电台、对讲机和应急发电设备，保证在电力中断的情况下，县防汛指挥中心的正常运转以及与抢险救援一线的无障碍通信传输。

（二）温州市“十个一”建设

近年来，温州市高度重视加强基层防汛减灾体系建设，不断探索创新，提出建设“十个一”，以切实提高基层防汛减灾能力，建立“组织健全、责任落实、预案实用、预警及时、响应迅速、全民参与、救援有效、保障有力”的基层防汛减灾体系。“十个一”，即“一个机构、一支队伍、一套系统（设备）、一套预警设施、一批重点、一套制度、一套预案、一批物资、一批场所、一定经费”。

“一个机构”，即乡镇人民政府、街道办事处设立防汛指挥机构，并挂牌设立办事机构（防汛办），村（居）民委员会建立防汛减灾领导小组。

“一支队伍”，即根据实际，分别建立从乡镇（街道）到村（居）的巡查管理队伍、监测预警队伍、人员转移（船只回港）责任人队伍、避灾避险管理队伍、抢险救灾队伍。

“一套系统（设备）”，即建立从县到乡的防汛减灾视频会商系统和LED信息告示系统，乡镇（街道）防汛减灾办事机构和村（居）都要配备防汛减灾工作设备，乡镇（街道）和村（居）至少要设立一处防汛减灾宣传窗（板、栏）。

“一套预警设施”，即乡镇（街道）结合水利、气象、国土资源等部门的雨、水情监测设施和防御山洪与地质灾害预警体系建设布局，因地制宜补充完善雨情、水情、地质灾害等信息的简易监测设施，制定预警标准，村（居）配备铜锣、手摇警报器、无线广播等预警设备，重要水利工程、山洪危险区、地质灾害隐患点、险工险段、避险点、避险路线等设置防汛警示标志牌，有人员转移任务的村（居）向转移人员发放明白卡。

“一批重点”，即乡镇（街道）、村（居）要根据防汛安全普查和防汛检查情况，确定一批防汛减灾工作重点对象和重点设施。

“一套制度”，即乡镇人民政府、街道办事处制定防汛减灾安全检查制度、防汛减灾值班制度、防汛减灾抗旱物资储备和管理制度、防汛减灾抗旱抢险队伍管理制度、防汛减灾抗旱紧急信息报送办法和防汛减灾远程会商系统管理办法（如已建立会商系统）等一套防汛减灾抗旱制度。村（居）民委员会制定防汛减灾值班制度、防汛减灾抗旱抢险队伍管理制度、防汛减灾抗旱紧急信息报送办法等一套防汛减灾抗旱制度。

“一套预案”，即各乡镇（街道）、村（居）都要根据当地防汛工作的实际需要，做好应急预案的修编工作；各乡镇（街道）还要结合当地的实际情况，组织编制小流域山洪灾害防御预案等专项预案。

“一批物资”，即乡镇（街道）、村（居）应按照分级储备的原则，以有关定额标准为指导，结合实际，储备必要的防汛抢险物资，或者委托有关部门集中储备，重点储备抢险救援物资，根据需要适当扩大物资储备规模与种类，并对防汛抢险物资实行即用即补制度。

“一批场所”，即乡镇（街道）确立一批结构牢固、质量较好的建筑物如学校、会堂等大型公共设施作为避灾场所，建立避灾场所的管理制度；有人员转移任务的村（居），至少要确定一个避灾避险场所，并具体落实避灾场所的管理与使用。

“一定经费”，即乡镇（街道）防汛机构的日常工作经费、物资储备费用、应急经费、指挥系统建设及运行经费、值班巡查监测预警人员补贴等应列入县乡二级财政预算；村（居）民委员会要有一定的经费投入用于防汛减灾工作。

为确保“十个一”建设落到实处，温州市防汛指挥部提出如下要求：

（1）各级政府和防指成员单位要统一思想，提高认识，高度重视，加强领导，把基层防汛减灾体系建设放在重要的位置来抓，主要领导亲自抓，分管领导具体抓。要严格按照省、市防指制定的计划全面开展相关工作。

（2）各县（市、区）要根据方案要求，结合当地实际情况，制定计划，细化标准，进行统筹安排，分类指导，形成各自的特色和亮点。各乡镇（街道）、村（居）要结合各自的具体情况，在调查研究的基础上，进行详细具体设计，确定建设内容和实施计划。

（3）各县（市、区）政府、防指及发改、财政、水利等部门要在政策上、项目上、资金上给予支持，出台有力政策措施，确保此项工作顺利开展。

（4）市县两级防汛办要加强对基层防汛减灾体系建设的指导，特别是在视频会商系统建设、制度建设、预案完善、预警设施建设、队伍培训等方面主动提供帮助和服务。同时，各地要利用电视、广播、报纸、网络、宣传栏、集会等手段，广泛宣传加强基层防汛减灾体系建设的重要性和紧迫性，做好事前、事中、事后的宣传报道，为基层防汛减灾体系建设营造良好的氛围，保障基层防汛减灾体系建设的顺利进行。

（三）广东省“五个一”建设

广东省经济发展不平衡，尤其是山区基层三防能力薄弱，三防工作水平和防御山洪灾害能力偏低。为此，省委省政府高度重视，省防总和水利厅以基层三防组织机构建设、三防视频会商延伸到乡镇和山洪灾害防治项目建设三大工作任务为主线，提出基层三防能力“五个一”建设的方案，并通过推广和总结怀集县示范建设的经验和做法，全面推进“五个一”建设，不断提高全省基层三防能力。

1. 每县建设一套监测预警平台

建设一套基于计算机和网络技术的山洪灾害自动监测和预警信息系统，实现水文、气象测站等雨水情信息和地质等基础信息实时汇集、动态监控、自动分析研判、自动发布预警等功能，提高县级三防现代化水平和决策科学水平。

2. 每镇（街道）建立三防办事机构

通过与乡镇水管所合并办公，建立乡镇级三防办；按统一标准配备值班、调度、会商场所，统一装备预警信息接收、发布设施设备，统一制定工作职责和制度，建设标准化三防办事机构。

3. 每镇建成一套视频会商系统

将三防视频会商系统延伸到乡镇，实现省主会场与市、县、镇分会场的双向实时交互操作，在临灾前将防御部署直接快速传达到乡镇，保证三防决策快速落实到位。

4. 每自然村配置一个铜锣

运用鸣锣等群众熟悉又简便有效的方式，在因电力、通信设施毁坏导致电话、网络预警方式失效的情况下，仍然能够保证预警工具保障到位。并推选一名鸣锣责任人，明确责任，要求按预案规定正确使用铜锣预警，及时通知群众转移避险。

5. 每个村制定一个操作预案

通过划定危险区域和安全区域，设定临界雨量或警戒水位，明确预警信号、转移路线，明确工作责任人，形成一份简易、实用、可操作性强的“一张纸预案”，做到家喻户晓，形成防灾避险群测群防的防御机制。

链接：他山之玉——台湾地区的社区防洪减灾能力建设和优秀社区评选方案

台湾地区的基层社区防洪减灾能力建设的主要经验包括以下3个方面：

1. 深入人心的防灾减灾教育

一是体验形式多样。台北市防灾科学教育馆安排了地震、暴雨、台风、烟雾等体验区，并进行救生抢护的现场演示。二是危机应对注重实效。例如，“家庭危机包”计划简单易行，平时小小的准备，可能是灾难时的救命草。三是注重应急救灾知识的宣传和普及，特别是针对中小学校的学生。

2. 民间义工的有效运用

台湾义工与大陆的志愿者相类似，台湾每年招聘1～2次义工。一般情况下，学校报名的2人中会有1～2人可被录取，而社会上报名的7～8人中才选1人。义工按区、队、班分设，每班10～15人，经过2个月左右的专业技能培训，达到一定技能的发放义工证。每名义工每周义务服务不少于4h，达不到要求即退队。台湾比较注重义工的有效运用，注重引导义工参与灾难的宣传、救护与灾后重建。台湾建立的防灾义工团队，制定了一系列激励政策和措施，使义工队伍成为防灾减灾的重要力量。

3. 全民制定社区防灾计划

该计划的主要内容有灾害风险分析、防灾地图、教育训练、社区防灾和灾害风险评估等。社区防灾是将防灾理念融入社区活动中，通过民众参与和社区倡导，有效拓展防灾知识，并凝聚居民力量，形成基于社区的防灾组织或社团。

2013年起，台湾地区经济部水利署开始实施水患自主防灾社区奖励计划，计划用3年时间，在全台湾地区评鉴奖励绩优水患自主防灾社区200个。奖励分为3等，分别为特等、优等、甲等。凡是参评的社区均奖励5000元新台币，评为特等的社区奖金为40万元新台币。

评分指标分别为以下5个方面：

(1) 社区水灾防灾计划的完整性（20分）：①疏散避难计划的完整性；②社区洪水风险图及水灾防灾地图更新；③保护对象数据库建置及更新。

(2) 社区水灾防灾计划落实推动（25分）：①社区防灾组织运作情况；②社区水患防灾教育训练及防汛演练；③防救灾设施维护与配置。

(3) 社区台风暴雨期间防灾运作（25分）：①社区台风及豪雨期间相关应变作为；②社区通报记录及处理情形。

(4) 社区活动动员能力(20分):①居民参与社区防灾活动的情形;②社区自主防灾推动宣传作为;③社区举办防灾相关活动的办理情形。

(5) 其他有助于社区自主防灾的成果(10+5分):①奖励金运用规划;②社区自主防灾创新作为;③结合其他资源推动自主防灾;④影音资料(此项采用加分办理,以5分为限)。

第三章　山洪灾害防御责任制体系

《中华人民共和国防洪法》规定，防汛抗洪工作实行各级人民政府行政首长负责制，有防汛抗洪任务的县级以上地方人民政府设立防汛指挥机构。山洪灾害群测群防体系传承了行政首长负责制和防汛指挥机构的机制，并延伸至乡镇和村组。本章分为两部分内容，分别是组织机构建立和责任制体系，总体上要按照“横向到边、纵向到底，不留死角、无缝覆盖”的要求，实现山洪灾害防御责任的全覆盖；探索采取网格化管理、锣长制等创新方法，注意对农村老幼病残等弱势群体预警和避险的包干帮扶，以适应当今社会人员流动性增大和农村人员“空心化”等情况。

第一节　山洪灾害防御组织机构

山洪灾害防御是一项系统工程，必须在各级政府统一领导下，建立以行政首长负责制为核心，覆盖县、乡、村、组、户五级的责任制体系。通过各级、各部门的密切配合，共同做好防御山洪灾害的相关工作。

一、县级组织机构

各县级防汛抗旱指挥部（以下简称防指）为本县（市、区）的山洪灾害防御组织机构，统一领导和组织全县（市、区）的山洪灾害防御工作，各成员单位各负其责。有的县根据山洪灾害防御需要，在防汛抗旱指挥部下设山洪灾害防御办公室，根据防御山洪的需要抽调县（市、区）相关部门和人员成立工作组（如监测组、信息组、转移组、调度组、保障组等）及应急抢险队。以下为河南省栾川县山洪灾害防御指挥机构的组成。

栾川县山洪灾害防御指挥部指挥长由县防汛抗旱指挥部指挥长兼任，副指挥长由县政府办、人武部、水利局负责同志担任，成员在县防汛抗旱指挥部成员基础上，适当进行扩充，包括发改、人武部、水利、国土、财政、农业、民政、气象、建设、交通、公安、教育、电力、广电、电信、林业、卫生等相关职能部门或单位。

办公室设在县级防汛抗旱指挥部办公室，负责县级山洪灾害指挥部日常工作。

监测组：主要由水利局、国土局、气象局、水文站及相关部门抽派人员组成。

信息组：主要由水利局、国土局、气象局、广电局、水文站、电信公司及相关部门抽派人员组成。

转移组：主要由县政府办、人武部、交通局、公安局、民政局、教育局及相关部门抽派人员组成。

调度组：主要由水利局、交通局、国土局、民政局、建设局、公安局、电信公司、电力公司及相关部门抽派人员组成。

保障组：主要由发改局、交通局、林业局、民政局、建设局、财政局、公安局、电信公司、电力公司、卫生局、电力局及相关部门抽派人员组成。

应急抢险队：主要由人武部、公安局、交通局、水利局抽派人员组成，成立3～5个应急抢险队，每队至少20人。

山洪灾害防御组织体系的构成见图3-1。

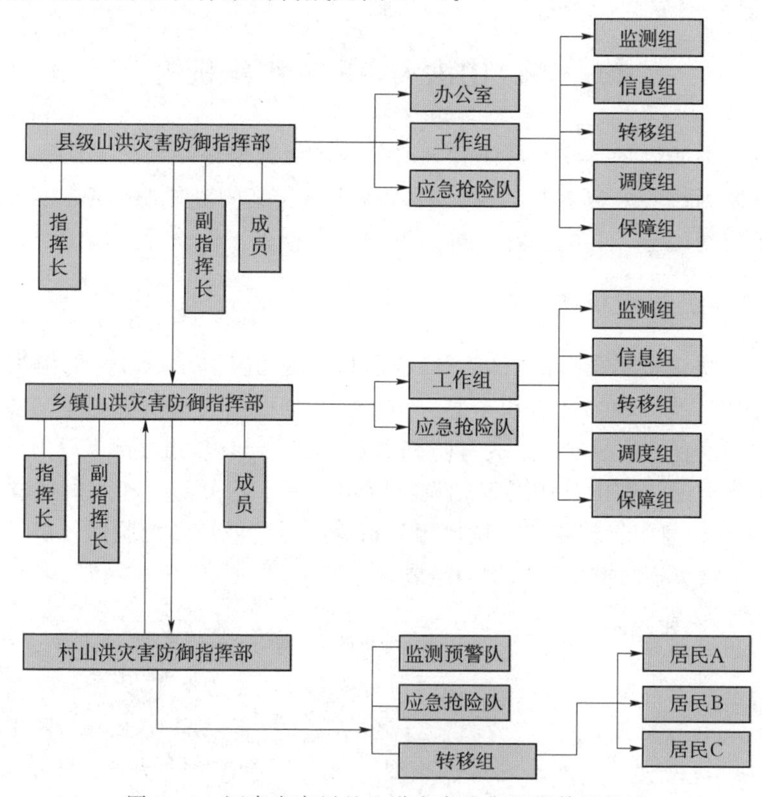

图3-1　河南省栾川县山洪灾害防御组织体系构成

二、乡（镇）级组织机构

根据基层防汛体系建设要求，各乡镇均应成立由有关单位组成的山洪灾害防御领导小组，按照乡镇山洪灾害防御预案，负责辖区内的山洪灾害防御工作。在乡镇设立山洪灾害防御指挥机构，特别是在各县（市、区）山洪灾害危险区所在的乡（镇）应成立山洪灾害防御指挥机构，领导和组织本乡（镇）的山洪灾害防御工作，指挥机构设指挥长、副指挥长、成员。指挥长由乡（镇）长担任，副指挥长由分管副乡（镇）长担任，成员由水利、国土、民政、气象、建设、交通、公安、卫生等相关职能部门的乡（镇）负责人组成。

各乡镇防御指挥机构分别下设监测、信息、转移、调度、保障等工作组和应急抢险队。工作组成员由各乡镇根据防御山洪的需要抽调相关部门和人员构成，每个工作组为3～10人；应急抢险队设2～3个，主要由乡镇的基干民兵组成，每队不少于10人。

三、村级山洪灾害防治组织机构

各行政村应设立山洪灾害防御工作组。组建以村干部和基干民兵为主体的监测预警队、应急抢险队、人员转移组，并造花名册报送乡（镇）、县（市、区）指挥机构备查。

第二节　部　门　职　责

山洪灾害防御工作实行各级人民政府行政首长负责制，并分级分部门落实岗位责任制和责任追究制。

一、县级山洪灾害防御指挥机构职责

（一）总体职责

县级山洪灾害防御指挥部在指挥长的统一领导下，负责全县山洪灾害防御工作。具体职责如下：

（1）贯彻执行有关山洪灾害防御工作的法律、法规、方针、政策和上级山洪灾害防御指挥机构的指示、命令，统一指挥本县内的山洪防御工作。

（2）贯彻“安全第一、常备不懈、以防为主、全力抢险”的方针，部署年度山洪灾害防御工作任务，明确各部门的防御职责，落实工作任务，协调部门之间、上下之间的工作配合，检查督促各有关部门做好山洪灾害防御工作。

（3）遇大暴雨，可能引发山洪灾害时，及时掌握情况，研究对策，指挥协调山洪灾害抢险工作，努力减少灾害损失。

（4）督促有关部门根据山洪灾害防治规划，按照确保重点、兼顾一般的原则，编制并落实本县的山洪灾害防御预案。并组织有关人员宣传培训山洪灾害防御预案及相关山洪灾害知识。

（5）建立健全山洪灾害防御指挥部日常办事机构，配备相关人员和必要的设施，开展山洪灾害防御工作。

（6）在指挥长统一领导下，水利、国土资源、民政、公安、卫生等相关职能部门各负其责，相互协调，共同做好山洪灾害防御及抢险救灾工作。

（二）部门职责

（1）办公室。具体负责指挥部的日常工作。

（2）监测组。负责做好监测辖区的雨量站、水位站等的雨量，重要水利工程、危险区及洪泛区水位，山体开裂、泥石流沟和滑坡点的位移等观测信息的发送、汇总、处理、共享和接受，执行县级山洪灾害防御指挥部的各种指令。

（3）信息组。负责对县（市、区）防汛指挥部、气象、水文、国土资源等部门汛前各种信息的收集与整理，及时掌握和报告暴雨洪水预报、本地降雨、溪河水位、山体开裂、滑坡、泥石流、水库溃坝、决堤等信息，为山洪灾害防御指挥决策提供依据。

（4）转移组。负责按照上级指挥部下达的命令及预报警报通知，组织群众按规定的转移路线转移，一个不漏地动员到户到人，同时确保转移途中和避险后的人员安全。

（5）调度组。负责与公安、武警、消防、交通等部门单位的联系和安排完成危险区居民的转移避险工作；负责调度各类险工险段的抢险救灾工作；负责调度抢险救灾车辆、船舶等；负责调度抢险救灾物资、设备。

（6）保障组。负责了解、收集山洪灾害造成的损失情况，派人员到灾区实地查灾核灾，汇总、上报灾情数据；做好灾区群众的基本生活保障工作，包括急需物资的组织、供应、调拨和管理等；指导和帮助灾区开展生产自救和恢复重要基础设施；负责救灾应急资金的落实和争取上级财政支持，做好救灾资金、捐赠款物的分配、下拨工作，指导、督促灾区做好救灾款物的使用、发放和信贷工作；组织医疗防疫队伍进入灾区，抢救、治疗和转运伤病员，实施灾区疫情监测，向灾区提供所需药品和医疗器械。筹措、准备、储存、调度、管理灾区内抢险救灾物资、车辆等，且负责善后补偿与处理工作。负责转移人员的避险后续工作，逐户逐人落实，负责被避险户原房屋搬迁、建设及新的房基地用地审批手续的联系等工作。

（7）应急抢险队。在紧急情况下听从县级山洪灾害防御指挥部命令，进行有序的抢险救援工作。同时，在平时进行相关的应急抢险演习，保证灾害来临时，应急抢险工作能够快速、高效、有序地进行。

二、乡级山洪灾害防御指挥机构职责

（一）总体职责

各乡（镇、街道）山洪灾害防御指挥机构在乡镇党委、政府统一领导下，在县（市、区）山洪灾害防御指挥部的指导下开展山洪灾害防御工作，发现异常情况及时向有关部门汇报，并采取相应的应急处理措施。具体职责如下：

（1）制定完善并落实本乡（镇、街道）山洪灾害防御预案，负责山洪灾害防御避灾躲灾有关的责任落实、队伍组建、预案培训演练、物资准备等各项工作。

（2）掌握本乡（镇、街道）山洪险情动态，收集各地雨情、水情、灾情等资料，及时上报和发布预警信息，并督促各村定期进行水库、山塘、堤防等险工险段的监测巡查。

（3）指挥调度、发布命令、签发调集抢险物资器材，并组织上报本乡（镇、街道）山洪灾害相关信息。

（4）指挥并组织协调各村进行群众安全转移，落实避险灾民及做好恢复生产工作。

（二）各部门职责

（1）监测组。负责本乡（镇、街道）区域内雨水情的监测工作及水库、山塘、堤防等险工险段的监测巡查，及时提供有关信息，如遇紧急情况可直接报告县级山洪灾害防御指挥部。

（2）信息组。负责对县级山洪灾害防御指挥部、气象、水文、国土资源等部门汛前各种信息的收集与整理，掌握雨水情、水库溃坝、决堤等信息及本乡（镇、街道）各村组巡查信息员反馈的灾害迹象，及时为指挥决策提供依据。

（3）调度组。负责与水利、公安、民政、卫生等部门的联系，按照山洪灾害防御预案和人、财、物总体情况，负责做好抗洪抢险人、财、物的调度工作，确保抗灾工作迅速、有效地进行。

（4）转移组。按照县、乡（镇、街道）山洪灾害防御指挥机构的命令及预报通知，立即按照有关程序并通过各种方式发布报警信号，组织群众按预定的安全转移路线，一个不漏地动员到户到人。必要时可强制其转移，同时确保转移途中和避险后的人员安全，并负责转移后群众、财产的清点和保护。

（5）保障组。按照县、乡（镇、街道）防指的命令及预报通知，负责抢险物资、设备供应及后勤保障等工作。负责了解、收集山洪灾害造成的损失情况；做好灾区群众的基本生活保障工作；指导和帮助灾区开展生产自救和恢复重要基础设施；负责救灾应急资金的落实和争取上级财政支持；组织医疗防疫队伍进入灾区，抢救、治疗和转运伤病员，实施灾区疫情监测，向灾区提供所需药品和医疗器械；负责维护灾区社会秩序。

（6）应急抢险队。随时听从县级山洪灾害防御指挥部命令，在紧急情况下听从命令进行有序的抢险救援工作。

三、村级山洪灾害防御指挥机构职责

（一）总体职责

在山洪灾害防治区各行政村设立以村主任为负责人的山洪灾害防御指挥机构，成立以村干部和民兵为主体的应急抢险队、监测预警队，确定监测预警员。具体职责如下：

（1）协助乡（镇、街道）制定和完善本村山洪灾害防御预案，并负责执行落实；组织参加预案培训演练，落实本村山洪灾害防御避灾躲灾各项工作。

（2）负责山洪灾害危险区的监测和洪灾抢险，随时掌握雨情、水情、灾情、险情动态，负责上报本村的雨水情等资料，组织人员进行水库、山塘、堤防等险工险段的监测巡查，并及时向村民发布预警。

（3）落实上级发布的防御抢险等命令，组织群众安全转移与避险、抢险，落实避险灾民及做好恢复生产工作。

（4）负责灾前灾后各种应急抢险物资准备和工程设施修复等工作。

（二）各部门职责

（1）监测预警队。负责对县、乡级防汛指挥部、气象、水文、国土资源等部门汛前各种信息的接收并及时转报村指挥机构，负责本村山洪信息监测及监测站点的日常运行管理工作，发现险情及时向相关部门报告，负责具体指挥本村人员及时转移撤离的工作。紧急情况下，监测人员可自行发布预警、报警信号。

（2）应急抢险队。在工程出险等紧急情况下，听从命令，转移危险区域内的人员和财物，进行有序地抢险救灾工作，必要时对周边村组进行支援。

（3）转移组。按照县、乡级、村级防指的命令及预报通知，转移危险区域内的人员和财物，组织群众按预定的安全转移路线，一个不漏地动员到户到人。必要时可强制其转移，同时确保转移途中和避险后的人员安全，并负责转移后群众、财产的清点和保护。

第三节　典型做法与经验

一、“七包七落实”制度

（一）出台背景

为实现在山洪灾害来临时广大群众能够做到乡（镇）自为战、村自为战、

片自为战、户自为战、人自为战的快速转移，近年来，北京地区在“四包”即“区县干部包乡、乡镇干部包村、村干部包组、党员干部包户”的基础上，进一步完善，提出了“七包七落实”制度[1]。通过“七包”划分了责任，通过“七落实”夯实了责任。近几年在北京市各区、重庆市各区、湖北十堰市都得到了实施，起到了良好的效果。

（二）具体实施措施

（1）“七包七落实”制度中的“七包”可总结为：区县干部包乡镇，乡镇干部包村，村干部包组，组包户，单位包职工，学校包学生，景区包游客。

1）区县干部包乡镇。区县干部包乡镇中的区县干部通常由县四大班子主要成员组成，一般以县防汛抗旱指挥部文件的形式下发本年度防汛责任制通知，明确区县干部的包干责任和纪律要求。

2）乡镇干部包村。乡（镇）政府领导班子主要成员对口指导、负责下辖行政村山洪灾害防御工作。

3）村干部包组。指村委会成员及村党支部成员对口指导、负责下辖村民小组山洪灾害防御工作。

4）组包户。指各组组长在村委会的指导下负责本组居民户的山洪灾害预防及撤离工作。

5）单位包职工，学校包学生，景区包游客。指山洪灾害防治区企事业单位领导班子负责本单位职工的山洪灾害预防及撤离工作，村镇学校领导班子负责本校师生的山洪灾害预防及撤离工作，景区工作人员负责本景点游客的山洪灾害预防及撤离工作。

（2）“七落实”可总结为：落实转移地点，落实转移路线，落实抢险队伍，落实报警人员，落实报警信号，落实避险设施，落实老弱病残等提前转移方案。

1）落实转移地点。在汛期来临之前，本村村委会在上级部门的指导和支持下，根据本村历年受灾情况及具体地形地貌，测定本村的安全区、危险区及山洪易发河、沟，在安全区选择易于群众长时间停留的避难场所（如学校），作为山洪灾害发生时的转移地点，并制作村庄紧急撤离路线图进行宣传。

2）落实转移路线。根据本村地形情况，避开山洪易发河、沟，确定安全转移路线。确定的转移地点和转移路线，应在村民房屋墙上或道路两侧通过告示牌的形式进行宣传，以便家喻户晓。

---

[1] 刘启来，刘洪伟，张力．北京市山洪灾害防治非工程体系在应对“7·21”特大自然灾害中的成效及思考．北京水务，2012（6）：2-5。

3）落实抢险队伍。每年汛期来临之前，各乡镇防汛办成立以党员、民兵和青壮年为主体的防汛抢险队伍；各村及企事业单位组织本村组和单位青壮年人员分别成立村组和单位的防汛抢险队伍。

4）落实报警人员。山洪灾害防治区的村镇已配备了铜锣、手摇报警器、扩音器、广播系统等群测群防设备，在山洪灾害来临前，报警人员通过上述设备，把险情及时通知大家，确保广大群众及时避险。

5）落实报警信号。群测群防预警信号主要包括铜锣预警信号、手摇报警器预警信号、预警广播信号等。报警人员或村民主要是根据预警指标判断发出报警信号。铜锣预警信号分为慢速敲击和急促敲击，慢速敲击表示准备转移，急促敲击表示立即转移；听到手摇报警器信号表示应该立即转移到安全地点。上述预警信号应该通过平时演练、张贴宣传栏、发放明白卡等形式开展宣传，让广大群众准确理解预警信号。

6）落实避险设施。山洪灾害应急避险设施指利用安全区的广场、学校操场等场地，经过科学的规划与管理，为避险的人群提供安全避难、满足基本生活保障及救援、指挥的场所。根据山洪灾害的特点，避险设施主要包括住宿（如帐篷、学校教室等）、食品、饮用水、急救药品、照明设施等以备意外发生时能够维持村民的基本生活需求。

7）落实老弱病残等提前转移。当山洪灾害来临时，老弱病残者是迅速转移的难点，因此要求各村委会根据各项预警指标，提前将老弱病残者转移到安全区域。

二、锣长制度

“锣长”制度是指凡有山洪灾害隐患的自然村配备一面铜锣，确定具体责任人，即使在出现险情通信中断的情况下，“锣长”必须鸣锣示警，通知群众紧急避险。防汛铜锣预警机制的建立，解决了最基层农民群众快速传递灾害预警信息的问题。福建省、广东省在山洪灾害防治区的自然村配备一面铜锣，实现了村村有铜锣，村村有锣长。

（一）锣长的选择

锣长的职业能力和态度关联到村民的生命财产安全，所以应该挑选熟悉当地情况且责任心强的村干部或村民担任锣长，明确要求锣长清楚责任区水情、工情、险情和群众转移地点，汛期保持24小时通信电话畅通，发现险情及时鸣锣。另外每年评选若干名忠于职守、表现突出的模范锣长给予表彰奖励，对不负责任的锣长给予批评，不合格的予以免职。

（二）锣长职责

锣长应有高度的责任感和使命感，了解掌握本村的水情、工情、险情，知晓预警信号，发现险情能够及时准确地判断并发出恰当的预警信号。福建省制定的防汛预警铜锣锣长职责如下：

第一条　做到责任区域情况清楚。
第二条　做到水情、工情、险情清楚。
第三条　做到发现险情及时鸣锣。
第四条　做到群众转移地点清楚。
第五条　做到汛期保持 24 小时通信电话畅通。

（三）预警铜锣管理制度

为了保障防汛预警铜锣的使用和管理，确保及时发挥铜锣预警作用，制定铜锣管理制度，规定铜锣的配置、保管、使用、奖惩制度等，以下为《福建省防汛预警铜锣管理规定》。

第一条　防汛预警铜锣由县水利局统一配置，造册登记后发放到自然村；防汛预警铜锣实行专人管理，固定放置，专门用于传递危险预警信息，通知群众避险转移，确保随时发挥作用。

第二条　每个自然村应明确两名锣长，实行 AB 角制度，专人鸣锣。每年汛前，村委会确认自然村锣长名单后，报镇政府备案。

第三条　锣长应履行锣长的职责，做到责任区域情况清楚；水情、工情、险情清楚；发现险情及时鸣锣；群众转移地点清楚；汛期保持 24 小时通信电话畅通。

第四条　每年汛前，各行政村应结合村级防灾抗灾预案，组织锣长进行鸣锣预警培训和演练。

第五条　对在工作中忠诚履职、表现突出的锣长，上报省、市、县并给予表彰奖励。

第六条　各村可参照本规定，结合本村实际情况，细化防汛预警铜锣管理规定。

第七条　本办法由人民政府负责解释，自发布之日起实施。

三、网格化责任体系

针对山丘区群众居住分散和外来流动人员增加的情况，安徽省防汛抗旱指挥部在 2015 年印发了《基层防御山洪灾害网格化责任体系建设指导意见》，要求各地利用山洪灾害调查评价成果，分县级、乡（镇）级、村级和网格级四个层级。以行政村（居委会）为单元，划定责任网格区，核定受山洪灾害影响人员的数量和分布，明确山洪灾害预警转移责任人，建立山洪灾害应转移人群和转移责任人数据库，实行人员转移避险定员定责、分片包干。目前全省山丘区3076个行政村均落实了网格化管理组织体系，确保实现“预警到村、信息到户、全面覆盖、责任无死角”。

（一）网格划分

山洪灾害防御分为县级、乡（镇）级、村级和网格级四个层级。县、乡镇山洪灾害防御指挥机构，由县、乡防汛抗旱指挥部（所）承担相应职能。行政村（社区）应设立防御山洪灾害工作组，由行政村（社区）主要负责人任组长，村级干部为成员，分别负责监测预警、人员转移、抢险救灾、信息收集与报送等防御山洪灾害工作。

各行政村应根据当地实际对防御山洪灾害责任进行网格划分，一般以自然村、居民区、企事业单位、小水库及山塘、山洪与地质灾害隐患点、危房、避灾场所、旅游景点（农家乐）划分网格。将所有山洪沟沿岸村庄、低洼易涝点、地质灾害隐患点、危房、砖瓦房、简易工棚、临时厂房、学校、山区景区、林场、矿场、桥梁道路、水利工程和其他基建工程纳入网格范围。

（二）网格责任和落实

网格应设立防御山洪灾害工作小组或明确若干防御山洪灾害工作责任人，负责本网格内的防御山洪灾害工作。

网格防御山洪灾害工作小组或责任人负责及时接收上级的预警和相关防灾部署，并将相关预警信息传递给责任区网格内所有居民；负责本网格内所有居民的防御山洪灾害转移工作，并配合所在行政村（社区）完成转移人员避险等相关工作。

网格责任人应了解网格内住户和人员情况，熟悉当地地形、地貌，在汛期应保持24小时通信畅通。村级公务栏（公示栏）应公布村内所有网格责任人名单。各网格责任人汛前应核实网格内人员情况，特别要掌握因外出务工或回乡创业等原因导致的人员变化。每年汛前，县、乡镇防指应根据人员变动情况调整行政村（社区）防汛工作小组责任人和网格责任人，并进行上岗培训，建立责任人数据库。

（三）网格监测预警与人员转移

当出现灾害性天气（如发生致灾强降雨）时，县（区）防汛抗旱指挥部及国土资源、气象部门应及时发布预警信息，并迅速将雨情、水情、山洪与地质灾害预警信息发送到乡级防指，必要时通过短信、电话等系统发至村级山洪灾害防御工作组及各网格责任人；同时，按预案及时作出部署。乡级防指要将预警信息传递到村级山洪灾害防御工作组及各网格责任人；同时，按预案及时作出部署。村级山洪灾害防御工作组及各网格责任人要将预警信息传递到户到人；同时，村级山洪灾害防御工作组按预案组织开展防御山洪灾害工作，有关负责人及各网格责任人上岗履行职责。

当出现灾害征兆或出现险情、灾情时，乡级防指和村级山洪灾害防御工作组应按照预案要求，及时处置，迅速转移人员，同时向上级防指报告。各网格责任人应按预定的转移路线和避险地点及时将人员转移到安全地带，并逐家逐户核实人口，确保不遗漏。

第四章　山洪灾害防御预案

预则立，不预则废。山洪灾害防御预案是为了预防山洪灾害，事先做好防、救、抗各项工作准备的方案，是群测群防体系建设的重要内容之一。山洪灾害防御预案分为县、乡（镇）及行政村三级，并覆盖至相关企事业单位和一些水利工程等。在县、乡（镇）及行政村三级预案中，最为重要的为村级预案，需达到清晰明了、便于操作、广泛知晓的目标。各级山洪灾害防御预案应根据区域内山洪灾害灾情、防灾设施、经济社会和防汛指挥机构及责任人等情况的变化，及时进行修订。本章介绍了县、乡（镇）及行政村山洪灾害防御预案编制原则、主要内容和审批程序，并提供了黑龙江、湖北等地的一些典型经验和做法。

第一节　县级山洪灾害防御预案

一、预案编制的要求

县级山洪灾害防御预案的编制应遵循以下要求：

（1）坚持以人为本的原则，以保障人民群众生命安全为首要目标。

（2）坚持安全第一，常备不懈，以防为主，防、避、抢、救相结合。

（3）坚持因地制宜，突出重点，具有可操作性。

（4）坚持落实行政首长防汛责任制、分级管理责任制、分部门责任制和岗位责任制。

二、县级预案编制的内容与方法

（一）县级预案编制的主要内容

1. 基本情况

包括县级行政区域的自然地理及水文气象情况；社会经济情况；山洪灾害概况；山洪灾害防御现状。

2. 组织体系

包括组织指挥机构；职责和分工。

3. 监测预警

包括制定雨量、水位监测制度；确定各监测站点与危险区、防汛责任人的关联关系；确定雨量、水位预警指标；按照确定的预警指标，根据实时降雨、洪水情况，及时发布预警信息；确定不同行政级别预警信息的发布方式。

4. 人员转移

按照就近、快速、安全的原则，明确转移路线，确定避险地点；人员转移应因地制宜，采取集中、分散相结合的方式；制定人员转移方案，包括转移对象、转移路线、避险地点、责任人及联系方式等；组织转移后，应妥善安置避险转移人员，提供饮用水、食品、衣物等生活必需物品和基本医疗保障。

5. 抢险救灾

建立抢险救灾工作机制，确定抢险救灾方案，包括人员组织、物资调拨、车辆调配和救护工作等；明确抢险救灾的准备工作，包括救助装备准备、资金准备、物资准备等；明确灾情处置方案，包括围困人员解救、伤员抢救等；明确水、电、路、通信等基础设施应急保障方案；明确治安、卫生防疫、灾后救助等应急保障方案。

6. 保障措施

落实各相关部门、企事业单位的山洪灾害防御责任；做好汛前检查，确保监测预警系统正常运行；对山洪危险区进行检查，及时落实度汛措施；利用多种形式，宣传山洪灾害防御常识，并做好日常的培训、演练，增强群众主动防灾避灾意识，提高责任人和相关工作人员的指挥组织能力和应急反应能力。

7. 附表附图

附表包括区域社会经济基本情况统计表、历年山洪灾害损失统计表、山洪灾害危险区基本情况表、监测站点分布表、监测站与预警对象关联表、人员转移表等。

附图应包括区域内山洪灾害防御基本情况示意图、山洪灾害危险区图、人员转移避险图、水文气象监测站点和主要预警设施分布图等。山洪灾害防御基本情况示意图应标注区域内的水系分布，水利工程，区域地形，城区、乡（镇）、村庄分布等基本信息。山洪灾害危险区图应标注危险区范围及居民点、重要设施（工矿企业、学校、医院、敬老院、风景区、交通设施等）等基本信息。人员转移避险图应标明转移路线、避险地点等基本信息。附图比例宜采用1∶10000～1∶50000，有条件的可采用比例尺更大的底图制作。根据各地具体情况，附表附图可适当增减。

（二）预案编制流程

一个好的、完善的预案，应该具有较强的指导性、科学性、可操作性、针对性，文字简洁、清晰，图、表、文并用。具体编制工作可按以下流程进行。

(1) 成立编制工作组。

(2) 收集整理相关资料。工作组成立后，根据预案编写的内容，收集、整理所需的相关资料，包括所辖区域的山洪灾害调查成果、山洪灾害分析评价成果以及各级防御机构的人员和联系方式等。从而掌握区域内的基本情况、危险区划分及其等级、应急避险点和转移路线、预警指标、风险图以及相关责任人信息等，为预案的编制提供翔实的基础资料。

(3) 制定预案。制定预案应把握好以下几个关键点：

1) 充分利用山洪灾害调查评价成果和非工程措施建设成果。通过山洪灾害调查分析，已经全面、准确地查清了山洪灾害防治区内的人口分布情况、山洪灾害区域分布情况、水文气象、地形地貌、社会经济、历史山洪灾害、山洪灾害防治现状等基础信息，以及掌握了山洪灾害危险区的划分情况、预警指标、危险区风险图等分析评价成果。经过多年的非工程措施建设，已建设成了完善的监测预警系统，配置有足够的监测预警设备和平台软件。在预案编制中应充分考虑和利用现有成果，发挥其全部功能和作用。

2) 合理分工，协同作战。根据辖区内的实际情况，科学确定防御机构各成员单位的职责和工作范围，建立联动机制，共同防御山洪。

3) 注重监测、科学预警。制定雨量、水位监测制度，建立监测站点与危险区、防御责任人之间的关联关系，自动监测与简易监测相结合，加强水雨情的监测。根据山洪灾害调查评价的成果，明确预警指标，并在实际应用中不断修订完善。确定一般情况下和紧急情况下的预警发布流程以及各级预警信号的发布方式。建立流域上下游相邻行政区监测信息共享机制，上游的监测预警信息应及时向下游通报。

4) 落实保障措施。着重建立汛前监测预警设施检测以及危险区、水利工程、河道等隐患点的巡查制度，落实安全度汛措施；明确利用会议、广播、电视、宣传栏、宣传册、挂图、宣传光碟、海报、标语等多种形式开展山洪灾害防御常识宣传，设置警示牌，发放明白卡等；并要求定期开展培训和演练，使危险区内的广大干部、群众、学生对山洪灾害以及防灾、躲灾、避灾的意识不断增强，提高防范自救能力。

(4) 补充完善。预案编制完成后，需通过演练，结合当地的实际情况，在实际应用中不断补充完善，使预案更翔实，具备更好的可操作性。

(三) 县级预案编制与审批

县级山洪灾害防御预案由县级防汛指挥机构负责组织编制，由县级人民政府负责批准并及时公布，报上一级防汛指挥机构备案。

第二节　乡（镇）级山洪灾害防御预案

一、乡（镇）级预案编制主要内容

乡（镇）级山洪灾害防御预案参照县级预案进行编制，可适当简化，以便于操作。编制的主要内容如下：

（1）区域内的自然和社会经济基本情况、历年山洪灾害的类型及损失情况、山洪灾害的成因及特点、危险区和安全区的划分等。

（2）乡（镇）山洪灾害防御组织机构人员及职责。

（3）利用已有的监测及通信设施、设备，制定实时监测及通信预警方案，确定预警程序及方式，根据监测和预报及时发布山洪灾害预警信息。

（4）确定转移避险的人员、路线、方法等。

（5）拟定抢险救灾、灾后重建等各项措施。

（6）安排日常的宣传、培训、演练等工作。

（7）附图和附表。

二、乡（镇）级预案编制与审批

乡（镇）级山洪灾害防御预案由乡（镇）级防汛指挥机构负责组织编制，由乡（镇）级人民政府批准并及时公布，报县级防汛指挥机构备案。县级防汛指挥机构负责乡（镇）级山洪灾害防御预案编制的技术指导和监督管理工作。

第三节　村级山洪灾害防御预案

一、村级预案编制的主要内容

村级山洪灾害防御预案的编制要尽可能简洁明了、易于操作，重点是要明确防御组织机构、人员及职责、预警信号、危险区范围和人员、应急避险点、转移路线等，版面控制在2～3页纸内，便于张贴上墙、公示，做到广泛知晓。村级预案的主要内容如下：

（1）区域内基本情况，山洪灾害的危险区的划分，统计危险区户数及人数。

（2）确定村级山洪灾害防御组织机构人员及职责。

（3）明确预警和转移避险的程序及方式。

（4）确定具体的转移路线及方式。

（5）附图和附表。

二、村级预案编制与审批

村级山洪灾害防御预案由乡（镇）级防汛指挥机构负责组织编制，由乡（镇）级人民政府批准并及时公布，报县级防汛指挥机构备案。县级防汛指挥机构负责乡（镇）级、村级山洪灾害防御预案编制的技术指导和监督管理工作。

第四节　典型做法与经验

一、黑龙江“六打”预案编制法

黑龙江防汛部门把山洪灾害防御预案编制作为群测群防体系建设的重要内容之一，为确保其可操作性和广泛知晓，创造了“六打”预案编制法。[1]

（一）操作要点

（1）“打假”。预案应当进行全面细致的反复查验，具备符合当地实际，内容细致全面，程序规范明晰的要求。可操作性不强的、照搬照抄的、有“应付”嫌疑的预案，应当重新编制。

（2）“打实”。山洪灾害防御要通过降雨监测和下查一级提示的办法，使基层高度警惕。预案编制的重点要有在发生大洪水时采取的应对措施，从监测预警到信息传递，从组织程序到分步实施，从启动预案到解除响应，必须把预案的操作流程落实到具体领导人、具体启动人、具体组织人、具体监测人，具体参与人上，并人人知晓熟悉。

（3）“打样”。省、市、县三级防汛部门深入海林市新民四队共同研究编制了预案“样本”，“样本”不但为其他地区编制预案起到抛砖引玉的作用，还为解决不会编的问题提供参考和依据。

（4）“打乱”。根据山洪灾害的流域性特点，要打破县市、乡镇、农林场矿的行政区域，从流域上游向下游进行预警监测并传递信息，进而制定紧密联系的预案体系，科学统筹采取各项有效措施，能够全面、有序地抵御山洪灾害。

（5）“打破”。在组织山洪灾害预案技术审查时请村干部和村民代表参加，广泛听取各方意见并组织讨论，使编制的预案更加真实而有效。

（6）“打薄”。经过几年的不断实践，为便于各级领导和群众了解预案和执行预案，要把完整的预案作为“正本”给专家，把预案的应急响应和措施步骤

[1] 张辉，李兴勇，等．黑龙江省山洪灾害预案编制及防治措施探讨．中国防汛抗旱，2011（6）：53－55。

作为“副本”给领导，把各家各户应该熟知的编成“明白卡”给群众，变为“卡式预案”，一户一张。

（二）预案样例——黑龙江省海林镇新民村新民四队（节选）

5. 监测预警

（1）山洪灾害雨量、水位临界值确定

1）雨量临界值。参照红旬子河流域历年山洪灾害发生时的降雨情况，根据海林镇新民村新民四队地形地质条件、前期降雨量和土壤饱和情况等，分析确定新民河可能发生山洪灾害的雨量临界值，即当上游和本村1小时内降雨量达到16mm、3小时内降雨量达到30mm、12小时内降雨量达到50mm、24小时内降雨量达到70mm时，即达到发布预警的雨量临界值；当上游和本村1小时内降雨量达到30mm、3小时内降雨量达到50mm、12小时内降雨量达到70mm、24小时内降雨量达到100mm时，即达到发布转移警报的雨量临界值。

2）水位临界值。根据海林镇新民村新民四队的地形、河道比降、不同频率洪水水面线和历史山洪灾害发生时河流水位情况，分析确定本地发生山洪灾害的水位临界值：海林镇新民村新民四队水位观测站水尺水深达到0.5m（相应水位342.45m）作为预警水位临界值；水尺水深达到1.11m（相应水位343.06m）作为危险水位临界值，水位仍有上涨趋势时，则立即发布转移警报，通知居民紧急转移。

（2）监测预警人员

1）雨、水情监测员。监测组负责雨水情监测，并做好记录，及时把监测到的数据上报到村防汛指挥部。监测组分两组由毕××、历××组成一组，毕××、孙××组成另一组，轮流观测降雨量和水位。

2）预警警报人员。预警组负责接到海林镇新民村防汛指挥部总指挥或其指定代理人的命令后，立即按预定信号发布预警警报。

（3）预警警报方式和内容

1）预警警报方式。预警信号分为高音广播喇叭和手提喇叭语音预警两种方式。

转移警报信号以高音广播喇叭和手提喇叭语音警报两种方式为主，同时以连续不间断的锣声、手机（电话、手机短信）为辅。

2）语音预警内容。语音预警内容为：各位村民！本村已降大暴雨，请危险区群众立即做好转移准备，随时听候转移警报！请危险区群众立即做好转移准备，随时听候转移警报！

语音预警发布后，各组防汛责任人要紧急行动起来，按照山洪灾害防御预案立即上岗到位，加强巡查、监测、警戒，随时听候转移命令，做好转移和抢险等各项准备工作。

3）语音转移警报内容。语音转移警报内容为：各位村民！本村已降特大暴雨，可能暴发山洪，请危险区群众立即按预定路线转移到安全地点！请危险区群众立即按预定路线转移到安全地点！

当转移警报发布后，各组防汛责任人要立即组织村民进行转移和抢险工作，做到不漏一人、不漏一户。

（4）转移警报发布程序和监测预警信息传递

1）一般情况下转移警报发布及程序。在一般情况下，山洪灾害防御转移警报信号由镇防汛抗旱指挥部根据雨水情监测信息、前期降雨及未来天气预报、实时洪水预报等信息综合分析后决定发布，按市防汛抗旱指挥部、镇防汛抗旱指挥部、村、屯、户的次序进行转移警报发布。

2）紧急情况下转移警报发布及程序。在特大暴雨、河流水位上涨迅猛等紧急情况下，海林镇新民村新民四队防汛指挥部可直接人工现场发布语音转移警报信号，或启用不间断的锣声等转移警报信号，并在最短时间内完成村民脱险转移等自救工作，同时，应立即向镇、市防汛办报告，镇、市防汛办接到报告后，要马上组织各有关部门立即赶赴现场，开展抢险救灾等工作。

3）监测预警信息传递。监测人员将监测的雨量、水位情况传递给村防汛值班人员后，由村防汛值班人员交信息报告给村带班领导或村主任，村主任或村带领导将信息报告给镇、市防汛办和下游村屯。新民河流域预警信息传递责任人名单见下表：

新民河流域预警信息传递责任人名单

村、屯	责任人	联络电话	传递内容	上、下游	观测方式
新民村六、七队	吴××		水位、雨量	上游	水尺、简易雨量报警器
新民村八队	孙××		雨量	上游	简易雨量报警器
新民村九队	周××		雨量	上游	简易雨量报警器
…					

6. 转移避险

（1）转移避险责任人。全屯转移避险工作由村委会主任负总责，具体由转移组负责实施。

（2）转移原则。转移遵循先人员后财产、先老弱病残人员后一般人员的原则，以居民委为单位负责转移，同时村民互相协助，配合转移工作。

(3) 转移人员。

危险区转移人员。危险区转移人员以组（就近划组）为单位，划分为4个组。第1、2组为河东片共20户、60人，其中1组向村委会转移13户、42人，2组向学校转移7户、18人；第3、4组为河西片9户30人，全部向西面山坡脚下村民家转移，总计转移29户、90人。

（本预案由黑龙江省防汛抗旱保障中心王昱提供）

二、广东省肇庆市村级“一页纸”预案

广东省肇庆市制定出简单易懂、操作性强、群众一看就明白的村级“一页纸”预案，在一页纸上应有“五个一”。

（一）操作要点

(1) 一是明确防御工作重点，标明危险区域、灾害点情况。

(2) 二是明确警报发布途径，确保预警信息能及时传递到各家各户。

(3) 三是明确通信联络方式，掌握具体联系户、联系人。

(4) 四是明确预警启动条件，确保在山洪来临前，及时发布警报。

(5) 五是明确转移避险方向，落实转移路线、避险点和责任人。

（二）预案样例——广东省肇庆市怀集县维安村

1. 基本情况

维安村委会位于怀集县岗坪镇西部，全村总面积16km^2，有3个自然村（新寨、水岁、西庙旁）、10个村民小组、127户500人，有泥砖屋31户96间。该村坐落于松柏河中游河段西岸，堤围长度1.3km，村址以上流域集雨面积48km^2；全村有小（2）型水库2座，小山塘5座。维安村是山洪灾害易发地区，强降雨、台风等极端天气容易引发山洪灾害，3个自然村均是山洪易受浸自然村，涉及127户500人、耕地面积470亩。

2. 责任体制

成立村防御指挥所：负责辖区雨水情监测、预警、人员转移、抢险救灾和灾后重建等工作，必要时支援邻村开展山洪灾害抢险工作。

所长：莫××（电话：　　　　）

副所长：黄××（兼监测预警员、鸣锣员，电话：　　　　）

成员：莫××（兼监测预警员，电话：　　　　）

孔××（兼水岁村锣长，电话：　　　　）

黄××（兼新寨村锣长，电话：　　　　）

蒲××（兼西庙旁村锣长，电话：　　　　）

报警员：孔××

危险区巡查员：梁××

3. 预警及响应

（1）预警启动

1）根据县、乡防汛抗旱指挥部门指示，启动预警或报警。

2）当维安村村部简易雨量报警器发出警报时，立即发布预警信息。

3）当水位达到相应等级值或水库及塘堰坝出现重大险情时，立即发布报警信息。

（2）预警信号

包括：锣、手摇报警器、口哨、电话和口头通知。

（3）响应

1）锣：慢速敲击准备转移；急速敲击立即转移。

2）手摇警报器、口哨：立即转移。

3）电话和口头通知：按通知内容执行。

4. 转移路线和避险点

（1）转移路线和负责人见下表：

转移路线和负责人表

村组名	转移负责人	电　话	转移地点
新寨	孔××		维安村小学
水劣	黄××		维安村小学
西庙旁	蒲××		维安村小学

（2）转移原则：先人员、后财产，先老幼病残、后其他人员，先低洼处、后较高处人员；转移负责人有权对不服从转移命令的人员执行强制转移措施。

（3）避险点负责人：村支书负责全面保障工作；村主任负责防雨帐篷、衣被等生活物品保障工作；其他村干部负责群众监护和统计等工作；村医疗站负责医疗保障工作。

5. 抢险救灾

当洪水超过设防标准、堤围漫顶、决堤或突发山洪等重大险情时，迅速启动抢险救灾，各级抢险队伍按分工职责上岗就位，组织群众马上撤离危险区。

（本预案由广东省防汛防旱防风总指挥部办公室武海峰提供）

第五章　监测预警与人员转移

在山洪灾害来临之前，群众能否及时得知信息、安全转移，直接取决于监测预警信息能否及时发出并传达到位。本章叙述了专业和简易监测预警系统组成及作用、山洪灾害预警信息发布和传达流程、简易监测预警设备功能和技术参数要求等内容。对于一个（村组）社区而言，主要获取两方面的监测预警信息：一方面，接收专业监测预警系统发送的预警信息并通过防汛责任人传达到位；另一方面，依靠简易监测预警设施自主监测、采集雨量或水位等物理指标，超过阈值后直接发布预警信息，两个方面形成了基层（村组）社区预警机制上的双保险。相比地震波、泥石流次声等，山洪灾害的成灾因子（降雨和洪水水位指标）易于群众自行量测，为开展群测群防提供了便利条件。在山洪灾害防御实际工作中，群众自发创造了一些简易降雨和水位观测设施，并经不断改进升级，结合一些铜锣、口哨等“土装备”，为预警信息“最后一公里”问题解决提供了物质手段，在特殊时刻还可实现“村自为战、组自为战、户自为战”，机动灵活地应对山洪灾害事件。

第一节　监测预警体系

我国山洪灾害监测预警体系由专业监测预警系统和群众操作使用的简易监测预警系统两部分组成。专业监测预警系统具有控制范围大、面向流域、监测数值准确可靠、有利于水文模型分析等优点，但是亦存在依赖于通讯网络、建设和运行维护费用较高、预警信息传输流程复杂、建设和运行费用较高的问题。正是基于此原因，在建设专业监测预警系统的同时，还要在村组（社区）层级部署简易监测预警系统，实现“专群结合”防御山洪灾害。

一、专业监测预警系统

专业监测预警系统运用了物联网、计算机通信、地理信息系统、数据库等技术，按照信息自动采集→网络快速传输→信息自动分析决策→预警信息发布的流程进行监测和预警，一般由专业部门操作使用。

（一）雨水情信息采集和传输

首先是科学合理布设自动雨水情监测站点，考虑山洪灾害防治区人口居住密度以及学校、工矿企业的分布情况，同时充分考虑利用现有水文、气象的站网。自动雨量站和自动水位站站点设备技术参数、采集频次、监测精度等应满足水利行业标准《降水量观测规范》《水位观测标准》。自动雨水情监测站网布局、采集频率、报汛方式应满足山洪灾害防御需要。

水雨情数据传输常用的通信方式有GSM/GPRS、超短波（UHF/VHF）、卫星等。对于有公网覆盖的地区，一般应选用公网进行组网（GSM/GPRS）；对于公网未能覆盖的地区，一般宜选用卫星或超短波等通信方式进行组网；对于重要监测站且有条件的地区，可选用两种不同通信方式予以组网，实现互为备份、自动切换的功能，确保信息传输信道的畅通。

（二）信息网络体系

搭建纵贯省、地市、县、乡的计算机网络和视频会商系统，实现中央、省、地市、县级甚至于到乡雨水情信息和预警信息共享共用、互联互通。

（三）监测预警平台

各级监测预警平台是专业监测预警系统的核心组成部分，分为信息表现平台、前台应用、后台应用三部分。

信息表现平台包括GIS表现平台及数据图表表现平台两部分。为前台应用提供基于二、三维渲染引擎的数据表现支撑，可提供如二维GIS、三维GIS、等值线、等值面、柱状图、饼状图、线状图、过程线等各类数据信息表现形式。

前台应用是指直接和用户产生交互的应用模块，包括二维、三维地图浏览、基础信息查询、雨水情查询分析、告警信息提示、防洪工程查询、预案查询管理、洪水预报、山洪预警与响应、气象国土信息查询、系统数据维护管理、用户登录及权限管理、值班及日常办公多媒体文档查询管理功能。

后台应用是运行在服务器端进行后台信息处理分析的应用模块，包括雨水情数据接收、雨水情监控告警、雨情统计面雨量计算、短信发布、预警指标计算、系统更新、系统运行状态监控。

（四）预警信息发布

县级或全省统一配置预警短信平台，通过短信平台将预警信息发送到相关防汛责任人。

二、简易监测预警系统

简易监测预警系统是相对于专业系统而言的，一般由山洪灾害防治区群众进行操作使用，采用相对简便的方法监测雨量和水位等指标并及时向受威胁群众传播预警信号。简易监测预警系统部署于村组（社区）层级。简易监测预警系统所采用的设施设备有简易雨量报警器、简易水位站（加上报警功能形成简易水位报警器）、铜锣、手摇报警器等。在山洪灾害防御中，简易监测预警系统发挥了重要的、不可替代的作用。

1. 形成完善的监测站网

简易雨量（水位）报警器（站）相比自动监测站点造价低，可大量布设，如2010—2015年全国范围内安装配置简易雨量报警器30万套，数量是自动雨量监测站点的6倍。通过简易雨量（水位）报警器（站）可捕捉自动监测站没有监测到的局地强降雨和洪水，成为自动监测站的有效补充和链接点。

2. 带动基层防御责任落实

给基层监测预警人员配备了相应的预警设施设备，提高了基层获取信息和预警发布的能力，使监测和预警任务得到了很好的落实和保障。很多地区在编制山洪灾害防御预案时，把简易雨量（水位）报警器（站）作为村组获取实时雨水情信息和判断警戒程度的重要工具，围绕简易雨量（水位）报警器（站）作好监测预警。

3. 缩短预警流程，增加应对时间

简易监测预警系统部署于受山洪直接威胁的村组，直接监测预警，缩短了预警信息传递流程，增加了应对山洪的时间。

4. 独立运行，特殊情况下实现村自为战

简易监测预警系统相对独立，不依赖公网通信系统和外部电力，可实现通信中断或专业监测预警系统难以覆盖情况下的监测预警。

第二节　简易监测预警设备

简易监测预警设备分为两类：一类是自带监测和报警功能的设备，主要是简易雨量报警器和简易水位报警器；另一类为预警信息扩散传播设备，包括无线预警广播、铜锣、手摇报警器、高频口哨等。两类设备需要配合使用，首先由简易雨量报警器或简易水位报警器进行监测并报警，再由无线预警广播或铜锣等传达预警信息。

一、简易雨量报警器

（一）发展历程与技术现状

简易雨量报警器（图5-1）是在山洪灾害防御实际工作中创造出来的，并经不断改进升级。早期配置的简易雨量观测器，根据区域内雨情的临界值或降雨强度，在承水器皿外划分警戒等级、标注明显的预警标志。为观测方便，重庆、福建、陕西等省（直辖市）因地制宜，在简易雨量筒的底部加装一根塑料管，将雨量筒收集的雨量引到室内量测。这种做法测量精度稍差，但足以满足山洪灾害预警的需要，尤其是晚上、狂风暴雨时量测雨量非常方便。

(a) 自制简易雨量筒（黄先龙摄）

(b) 一种简易雨量报警器

图 5-1 不同时期的简易雨量（报警）器

随着使用和不断总结改进，新技术不断被采用，简易雨量报警器得到进一步改进，尤其是增加室内报警装置，具备雨量实时监测、信息显示和多时段雨量声光报警功能。现状的简易雨量报警器由室外承雨器和室内告警器两部分组成。室外承雨器采用翻斗式雨量计采集降雨，通过 200mm 口径的承雨口收集雨水。室外承雨器采集到的雨量数据通过无线或有线传输发送至室内告警器。室内报警器具有雨量统计功能，通过微处理器分析和判断降雨数据，达到临界雨量时发出声、光、语音多种方式警报，警告群众警惕可能暴发的山洪并开始组织转移。

伴随着物联网技术的发展，近年又出现了“一对多”的面向社区的山洪灾害雨量预警系统（图 5-2），可实现一处监测，多处入户报警。入户报警器具有接收从雨量监测站传来的实时雨量以及预警信息显示和播报功能，当雨量超过预设阈值时可通过声、光、数据显示三重报警形式及时向屋内居民发出预警。入户报警器采用家庭日用品与报警器结合的亲民形态，入户报警器配置直流备用电源，供交流停电时使用。

相比原有的简易雨量报警器，山洪灾害雨量预警系统以小流域为单元布设，近似获取社区（村组）所在流域暴雨中心（上中游）雨量，解决了以往设备只能获取村组所在地雨量的问题；实现单点对多点入户报警，解决了依靠人力去接力传递预警信号的困难；室内报警器结合家用品设计，群众有保管的积极性，解决了原有设备因使用频次低而导致保管和维护的困难。

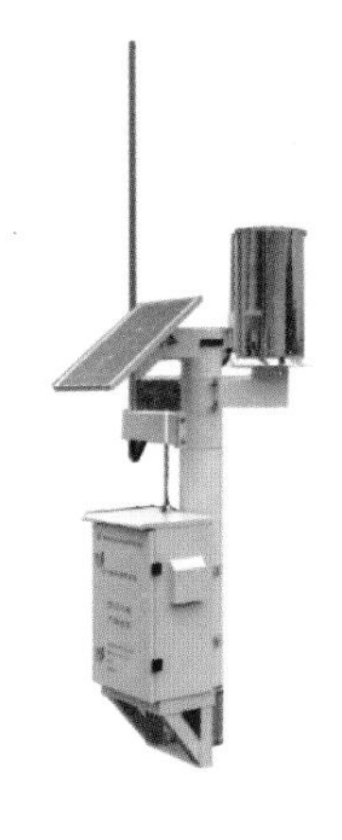

(a) 雨量监测站

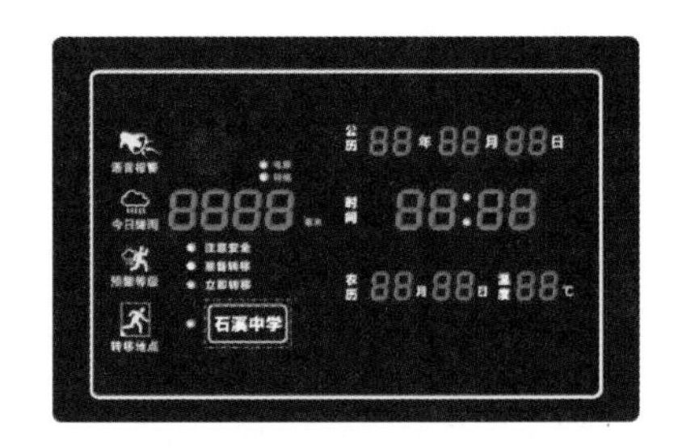

(b) 室内报警器（结合电子日历型式）

图 5-2　“一对多”山洪灾害雨量预警系统组成图

（二）功能及技术指标

简易雨量报警器由室外雨量传感器、室内报警器组成。主要功能要求和技术指标见表 5-1 与表 5-2。

表 5-1　　简易雨量报警器主要功能要求

设备名称	功　能　要　求
雨量传感器	具备雨量采集和数据传输功能
室内报警器	具有降雨信息、时钟、电源状态、通信状态等显示功能
	具有记录、存储雨量监测数据及数据查看、导出的功能
	具有超预警指标自动报警功能，支持语音、闪光、警笛、数据或文字显示多种报警方式
	具有现场按报警级别和时段设置预警指标的功能
	具有人工校时功能

表 5-2　　简易雨量报警器主要技术指标

设备名称	技　术　指　标
雨量传感器	分辨力：0.5mm 或 1.0mm
	最大允许误差：≤±4%
	承雨口内径：$200^{+0.6}_{0}$mm
	降雨强度测量范围：0～4mm/min，允许最大雨强范围为 8mm/min
	承雨口深度：≥100mm
室内报警器	报警级别分两级：准备转移、立即转移
	计时误差：≤±1s/d
	数据存储容量周期：≥1 年
	音频报警功率：≥2W

（三）预警指标设置

临界雨量是指一个流域或区域发生山溪洪水可能致灾时，即达到成灾水位时，降雨达到或超过的最小量级和强度。基本分析思路是根据成灾水位，采用比降面积法、曼宁公式或水位流量关系等方法，推算出成灾水位对应的流量，再根据设计暴雨洪水计算方法和典型暴雨时程分布，反算洪峰达到成灾流量的各个预警时段的降雨量。雨量预警指标要素包括时段及其对应雨量两个要素，具体表现为各个预警时段的临界雨量以及各预警时段的准备转移雨量和立即转移雨量。

（四）布设与安装

（1）重点防治区内所有乡（镇）、行政村和自然村，一般防治区内所有乡（镇）和行政村均配置安装简易雨量（报警）器。在人员比较分散且受山洪威胁较大的自然村，可适当增加。

（2）布设雨量站时需充分考虑地形因素，监测场地应避开强风区，不宜设在陡坡上或峡谷内，其周围应空旷平坦，不受突变地形、树木和建筑物以及烟尘等因素的影响。

（3）站点布设时还要充分考虑通信、交通和运行管理维护等条件。

（五）保管与维护

（1）定期对仪器进行日常维护，及时清理室外承雨器筒内异物，避免树叶等杂物落入雨量筒，影响观察精度，检查翻斗是否翻转灵活，检查雨量传感器与报警器之间的通信状态，及时更换电池，测试各项功能是否正常等。

（2）定期测试简易雨量报警器功能是否正常，检查雨量预警指标是否与预案数值一致。

（3）监测员应熟练掌握雨量报警器的操作使用方法，并将操作使用说明卡张贴于室内报警器临近位置。

链接：简易雨量报警器测评

简易雨量报警器是山洪灾害群测群防的重要监测预警手段之一，应用面广、使用量大，其实用性、可靠性、耐久性、经济性、易维护性十分重要。为指导各地选择适宜的简易雨量报警器，统一技术要求、指导生产、规范市场，受国家防汛抗旱总指挥部办公室委托，水利部科技推广中心和水利部防洪抗旱减灾工程技术研究中心组织制定了《简易雨量报警器测评办法》，确定了简易雨量报警器测评内容和指标，委托水利部水文仪器及岩土工程仪器质量监督检验测试中心进行抽样检测，于2011年10月、2012

年 10 月、2014 年 12 月分三次进行了简易雨量报警器测评。

第一次测评中，7 个厂家 11 种型号设备参评，9 个型号通过测评。

第二次测评中，7 个厂家 7 中型号参评，全部通过测评。

第三次测评中，6 个厂家 12 种型号设备参评，全部通过测评。

纵观历次测评，各个厂家所生产的简易雨量报警器部件材质质量、功能参数逐步提高，产品外观、操作界面更加人性化，也更加贴近山洪灾害群测群防需求。

二、简易水位报警器

（一）发展历程与技术现状

简易水位报警器是随着山洪灾害防治非工程措施项目建设而逐渐发展起来的，最初为简易水尺桩，可为木桩或混凝土桩型（图 5-3），对于无条件建桩的监测站，选择离河边较近的固定建筑物或岩石上标注水位刻度，水位监测尺的刻度以方便监测员直接读数为设置原则，并根据各监测点实际情况，标注预警水位（图 5-4）。根据各监测点实际情况，用防水耐用油漆醒目标注“警戒水位、转移水位、历史最高水位”等特征水位线或标识，这样既可观测水位，又可起到宣传和警示作用。

图 5-3　混凝土桩水尺（梁学文摄）

图 5-4　建筑物和岩石上的水尺（梁学文摄）

2013 年以后，效仿简易雨量报警器，简易水位站也增加了报警功能，逐步发展成为了简易水位报警器，设备用于沿河村落河流（溪沟）控制断面附近水位

图 5-5　广东省茂名市沿河安装的简易水位报警器（严建华摄）

监测报警，具有实时水位监测、预警水位（准备转移、立即转移）指标设定、报警以及报警数据查看等功能。当河流水位达到预警指标时，可通过声、光信号自动进行原位报警，同时通过无线和有线方式将预警信号传输至下游报警终端，通过声、光同步报警（图 5-5）。

简易水位报警器水位监测和报警设备可一体化，进行原位报警；监测与报警设备也可分离，以实现上游监测、下游报警；既可对洪水上岸造成冲淹的灾害进行报警，也可对河道内活动、强行涉水过河等行为进行警示警告。根据其用途不同，简易水位报警器具有不同的应用模式，见表 5-3。

相比于雨量报警，水位报警有以下独特的作用：

1. 物理概念直接

对于当地群众而言，最为熟悉的指标是本地河流上涨幅度，采用水位预警指标物理概念相对直接。

表 5-3　　简易水位报警器应用模式

设备组成	应用模式	用　途
监测设施与室外报警器一体化	原位报警	河道汇合、束窄处水位监测、报警； 通过漫水桥等设施的强行涉水活动警示警告； 山洪灾害原位监测报警等
监测设施、室外报警器	上游监测下游报警	上游涨水信息通知河道内活动人员； 山洪灾害监测报警等
监测设施、室内报警器	室外监测室内报警	山洪灾害监测、入户报警等

2. 可靠性强

降雨发生、发展至产流、汇流、洪峰传播、成灾是一系列复杂的水文过程，采用雨量预警时，常常受到降雨预报不准确、水文模型不合理、人为活动等因素影响，而水位预警则省去了由雨转换为洪水的过程，可靠性要强很多。

3. 适用范围广

山洪灾害常见的有支沟主沟汇流洪水顶托、山塘或小水库等工程调蓄、地下河或雪山融水、流木堵桥等情况，这种山洪体现在降雨和洪水没有直接的对应关系，只能采用水位进行预警，因此，水位预警在山洪灾害防御中有其独特的作用，适用范围较广。

但是，相比雨量预警，水位预警对应的响应时间较短。

（二）功能及技术指标

简易水位报警器由监测设施设备和报警器组成，组成单元可采用有线或无线方式连接。各部分功能与技术指标见表5-4与表5-5。

表5-4 简易水位报警器主要功能要求

设备名称	功能要求
水位监测传感器	具有水位监测、数据传输的功能
室外报警器	支持警笛、闪光、语音等报警方式
	具有不同级别报警音提示功能
	具备人工中断报警和启动报警的功能
室内报警器	具有显示当前水位报警级别的功能
	具有时钟、电源状态、通信状态等显示功能
	具有超预警指标自动报警功能，支持语音、闪光、警笛、文字显示等多种报警方式，支持按键中断报警、触发报警

表5-5 简易水位报警器主要技术指标

设备名称	技术指标
水位监测传感器	分辨力：1cm或2cm
	最大允许误差：≤±3cm
	最大水位变率：≥40cm/min
室外报警器	报警灯类型：LED旋转报警灯
	报警器功率：≥25W
	报警器声压：≥100dB（距离扬声器1m）
室内报警器	计时准确度：≤1s/d
	外接报警功率：≥2W
	报警音时长：≥20s
	重复报警间隔：≤3min

（三）预警指标设置

临界水位是水位预警方式的核心参数，是指防灾对象上游具有代表性和指示性地点的水位；在该水位时，洪水从水位代表性地点演进至下游沿河村落、集镇、城镇以及工矿企业和基础设施等预警对象控制断面处，水位会到达成灾水位，可能会造成山洪灾害。一般下游防护对象成灾水位对应的上游监测站水位为立即转移水位，具体操作中，将立即转移水位降低一定幅度，以确保有足够的时间做好转移疏散的准备，此水位为准备转移水位。如在广东省简易水位报警器配置与安装中，设置了三个预警指标，分别为：警戒线＝成灾水位－1m、准备转移线＝成灾水位－0.5m、立刻转移线＝成灾水位。

使用水位上涨速率预警指标可在一定程度上解决依靠水位监测而导致的预警时间不足的问题。实际使用中，可以通过量测从警戒线至准备转移线水位上涨的时间代替上涨速率指标。如图 5-6 所示 t_0 为警戒线上涨至准备转移水位线的时间，如 t_0 不大于预设的上涨时间，则立即触发高一级的预警信号（立即转移）。

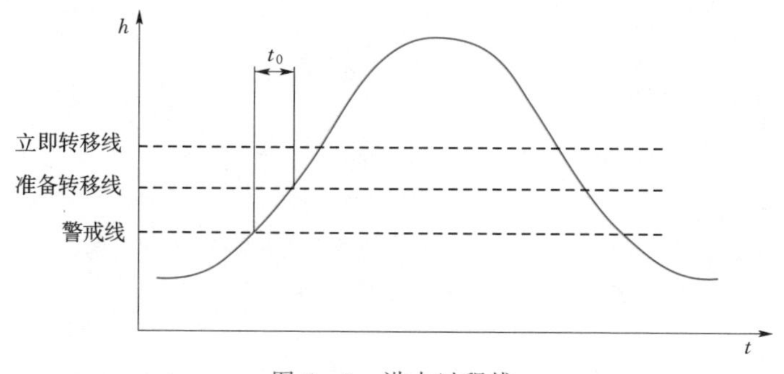

图 5-6　洪水过程线

（四）布设与安装

简易水位报警器布设地点应考虑预警时效、影响区域、控制范围等因素综合确定，尽量在山洪沟河道出口、山塘坝前和人口居住区、工矿企业、学校等防护目标上游。可沿河流沿线，按 10～20km 的间距布设（图 5-7）。

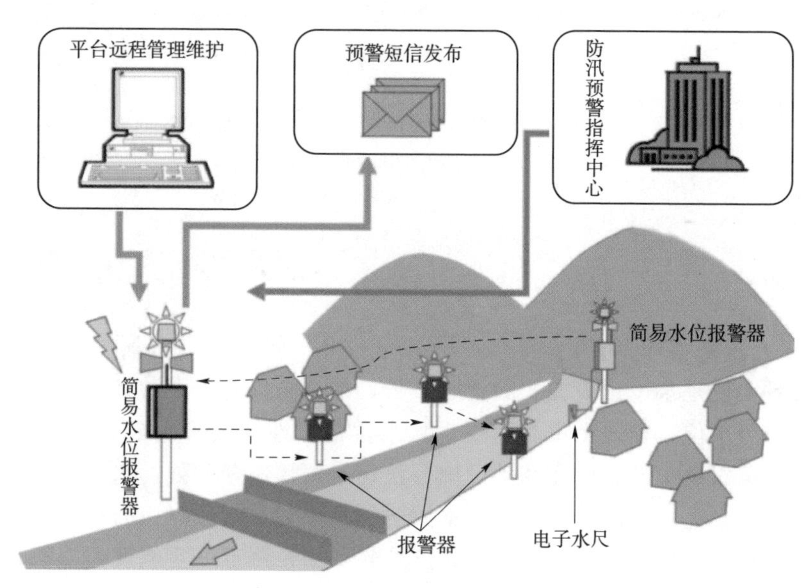

图 5-7　水位报警器布设示意图

为防范河道内涨水、水利设施溃决涨水、人员强行涉水过河等引起的危险情况，可将简易水位报警器置于河道亲水空间，水库等蓄水建筑物排洪设施下游，河道束窄可能导致水位陡升的部位。

（五）保管与维护

（1）定期对仪器进行日常维护，检查简易水位报警器是否完好，简易水尺准备转移水位、立即转移水位等特征水位线和标识是否清晰。

（2）有报警装置的设备，应定期模拟水位上升，检查当达到设定预警指标时是否能及时报警。

（3）汛前应检查简易水位报警器周边环境，发现河流改道、堤防加高等导致成灾水位变化的因素，应及时报告上级单位。

（4）监测员应熟练掌握简易水位报警器的操作使用方法，并将操作使用说明卡张贴于室内报警器临近位置。

链接：广东省简易水位报警器建设

2013年以来，广东省结合山洪灾害调查评价项目，由广东省水文局和相关地市三防办在山洪灾害防治区山洪沟沿线开展了简易水位报警器安装建设，全省共配置安装5300余套。广东省配置的简易水位报警器由水位采集器和水位观测报警器两部分组成，采集器和报警器通过无线或有线通信连接。当采集器监测到超阈值水位时自动触发报警器启动（声、光）报警。

经当地防汛指挥机构、水文部门、村组及简易水位报警器制造商共同商议研究，总结出了简易水位报警器选址和安装要点：

（1）选择安装地点时应与邻近村民小组防汛负责人充分沟通，既要满足报警功能，又要防破坏和便于日常管理。安装站点在满足最大传输距离的条件下，尽量位于村组河道上游岸坡。

（2）安装地点的洪水水位要有代表性，能真实反映洪水状况，尽量选择河道顺直、河床稳定、水流集中、靠近河岸等地质坚硬的地点安装。

（3）简易水位报警器的成灾水位和历史最高洪水位要计算和测量准确，施工公司要按要求施工和配合做好水位测量等工作。

（4）简易水位报警器安装太阳能板要面向南方，报警探头要面向下游，立杆内电源线的长度可上下调整，报警喇叭方向要面向村庄。

（5）每个简易水位报警器安装完毕后，要进行报警测试，将探头浸入水中，检查室内、外报警器是能否发出警报。

(6) 基础尺寸不小于 40cm×40cm×100cm。立杆埋深为 100cm 以上，以确保立杆稳固。

资料来源：韶关、茂名市山洪灾害调查评价简易水位站建设项目技术总结报告. 广东省水文局，2015

三、无线预警广播

(一) 发展历程与技术现状

无线预警广播是一种接收多种预警信号源并进行放大，以驱动扬声器产生高分贝音源传递给山洪灾害防治区群众的预警设备，因其具有易于架设、功耗低、覆盖距离远、维护成本低等优点，被广泛应用于山洪灾害预警等领域。无线预警广播组成如图 5-8 所示。

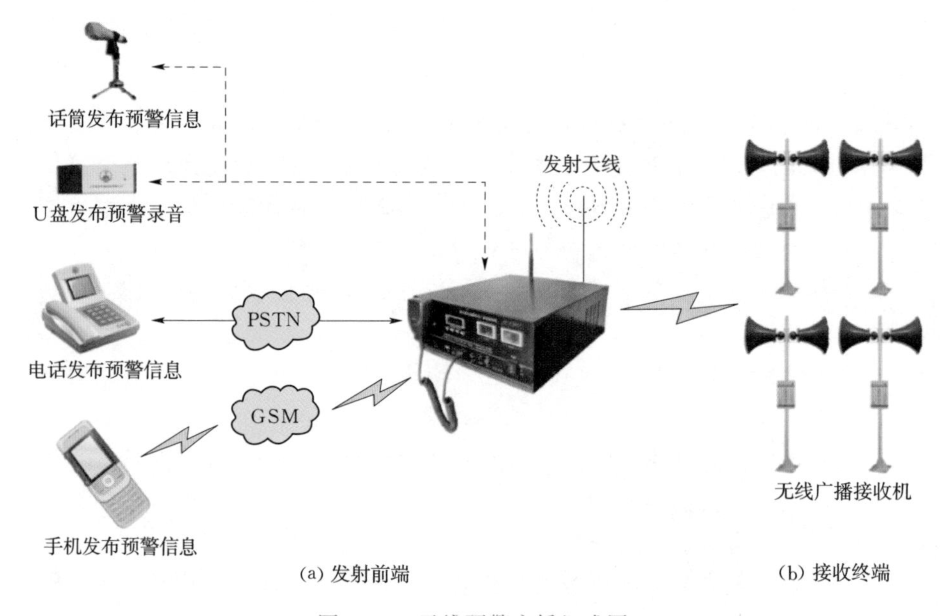

图 5-8 无线预警广播组成图

目前，山洪灾害防治采用的无线预警广播主要有两种类型：

(1) 无线预警广播（Ⅰ型）。接收 GSM/GPRS 公网信号、有线电话和本地音频信号，并具有控制、播出和音频功率放大功能的预警终端设备。

(2) 无线预警广播（Ⅱ型）。包括两部分：调频发射端和调频接收端。调频发射端接收 GSM/GPRS 公网信号、有线电话和本地音频信号，具有控制、播出和调频发射功能的预警广播前端设备（预警发射机）。调频接收端接收预警发射机发来的调频预警信号并具有控制、播出和音频功率放大功能。部分此类型产品的调频接收端也具有接收 GSM/GPRS 公网信号、有线电话和本地音频信号的功能。

其室内主机室外扩音器如图 5－9 所示。

(a) 室内主机

(b) 扩音器

图 5－9　室内主机室外扩音器（严建华摄）

为解决预警广播在雷雨天气下音频传播距离有限的问题，继承已建无线预警广播系统的工作模式与特点，近年来又出现了入户型无线预警广播终端（图 5－10），以实现居民住户可接收各级发来的预警信息。系统由预警广播发射端和预警广播终端组成，发射端接收县乡村各级监测预警平台和群测群防设施设备的预警信息，并将预警信息发送到居民户使用的预警广播终端，启动预警信息的播报，增强预警时效。

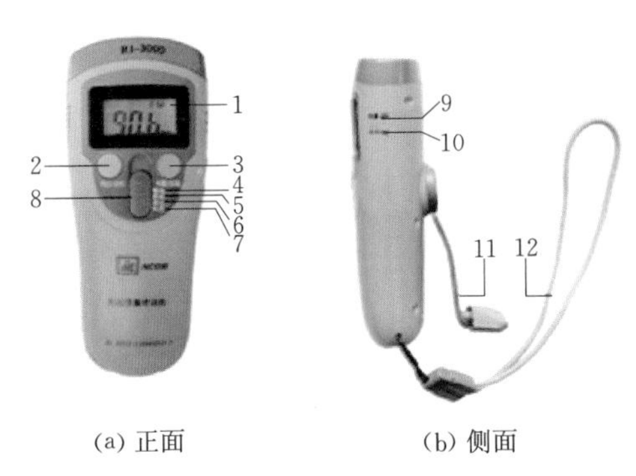

(a) 正面　　(b) 侧面

图 5－10　结合手电筒形式的预警广播入户终端（解家毕提供）

1—液晶显示；2—选台记忆；3—音量设置；4—警报位置；5—LED 照明；6—激光求援；7—电源关闭；8—功能开关；9—电源开；10—电源关；11—手摇发电柄；12—腕带天线

（二）功能和技术参数

无线预警广播主要功能要求和技术指标见表 5－6 和表 5－7。

表 5-6　　无线预警广播主要功能要求

设备名称	功能要求
通信要求	具有 GSM/CDMA 电话和短信通信功能，可具有 PSTN、卫星、无线电台、GPRS/CDMA 数据通信等通信功能，实现实时接入播报
	具有短信转语音功能（字数不少于 500 字，短信语音播报流畅、支持常用多音字），播报短信重复播放次数可配置 1～99 遍，播报短信内容可监控（向指定号码回执短信内容）
	发布短信或电话广播均有白名单设置或 DTMF 双音频呼入密码验证功能，其中白名单号码不少于 20 个
	设备应有自检功能，设备状态信息可发送到管理平台，反馈运行状态
	设备应具有异动报警功能，当设备开关置为关闭状态、充电设备断电、电池断电或功放断开时可自动发信息到管理平台
供电要求	平时处于低功耗值守状态，当收到短信、手机、固定电话等授权控制信号后自动开启功放电路
	机内配置备用电池。交流电中断后，启用备用电池并且立即通知管理平台
	支持 AC/DC 供电方式，自动切换
性能要求	具有 USB 或 SD 卡接口、支持点播 MP3 功能
	具有电源、音频功率、网络在线指示等功能；可以远程监听广播内容
	具有防雷、短路保护电路，接地端口；具有防潮、防霉、防虫、防尘等工艺处理
	可支持 SIM 卡锁定
	支持实时报告设备的工况，支持平安报，异常报，支持管理平台远程设置和查询参数，支持管理平台实时发布预警信息
外部接口	音源：至少支持 1 路本地麦克风输入，1 路线路输出，至少 2 路本地功放输出
	电源：交流电输入接口，1 路可控交流电输出接口（功率≥100W），备用蓄电池接口，太阳能电池板接口
	天线：GSM/GPRS/CDMA 天线接口，收音机天线接口

表 5-7　　无线预警广播主要技术参数

名称	参数
设备电源	AC 宽电压输入：160～280V
	DC 输入：10～15V
	DC 供电待机功耗不大于 4W
	蓄电池充放电次数 350 次以上
	电池至少可待机 3 天，连续播放 30 分钟以上
音频功效	音频输出功率：100W
	输出阻抗：4～16Ω

续表

名　称	参　　数
音频功效	音频响应：300～6000Hz
	失真度：≤1%（f=1kHz）
	信噪比：≥60dB
通信模块	可选用 GSM/GPRS/CDMA 等当前通用的通信方式，所选用 GSM/GPRS/CDMA 等通信模块须具有工信部核发的《电信设备进网许可证》
调频发射机（Ⅱ型）	频率范围 87～108MHz，步长 100kHz
	输出功率 10W/20W/30W/50W
	输出功率允许偏差＜±10%
	输出功率稳定度＜±3%
	模拟音频输入－6～＋6dBm
	RDS/SCA 副载波输入，具有防插播功能
	馈线：发射机功率 10W 或以下采用 SYV－50－5 馈线，30W 或以上采用 SYV－50－9 或优于此标准
	天线：材料坚固耐用，工艺良好，耐腐蚀，并方便安装避雷装置。增益大于 2dBi，驻波比小于 1.5

（三）布设与安装

原则上要求对重点防治区所有乡镇、行政村和重点沿河自然村补充配置无线预警广播，对一般防治区所有乡镇补充配置无线预警广播。人口分布集中的村组以及院落可配置Ⅰ型机。地势平坦、人口分散的村组宜配置Ⅱ型机，公网不能完全覆盖以及偏远地区村组宜配置Ⅱ型机。

设备安装选址时应确保设计预警范围内居民能听到音频信号，否则应考虑补充其他预警方式。设备选型、确定音频输出功率、安装布局时应考虑下列因素确定：①山洪灾害防治区村组房屋分布；②声压在降雨强度下的衰减；③地形及地面建筑物、树木等对传声的影响；④声压随传输距离的衰减；⑤公网通信信号覆盖程度；⑥干扰源对传声的影响。安装完成后，应根据当地山洪灾害防御预案所确定的责任人及联系方式设定预警广播白名单。

（四）无线预警广播保管与维护

（1）落实政治可靠、责任心强的管理人员，建立日常值班和安全播出等相关管理制度，建立广播内容登记和反馈记录档案。

（2）及时对预警广播管理软件设置用户权限、白名单，限制非本地号码呼入。

（3）使用Ⅱ型机的，主站和分站之间的调频通信采用加密措施。

(4) 村级广播插播的内容由村党支部负责同志审核签字同意后播出，不得随意开机插播内容，不得将与播出内容无关的其他音像资料带入广播室。

(5) 在有重大自然灾害或突发事件的紧急时刻，可经县级授权村级负责人通过预警广播发布预警，或直接远程启动预警。

链接：湖南省山洪预警广播资源和信息共享综合利用

湖南省内部分县市区积极探索，大胆试水，在做好部门沟通协调的基础上，充分做到了山洪预警广播资源与有关部门的资源共享，互通有无，避免了重复建设，减轻了地方财政配套资金的压力，最大限度地发挥了山洪灾害防治非工程措施项目运行的综合效益。

2011年底洪江市启动山洪灾害防治县级非工程措施项目建设。在项目的山洪灾害预警广播子系统建设过程中，洪江市委、市政府、市防指统筹安排，积极协调水利与广电两部门，将山洪灾害预警广播系统与农村广播系统相结合，打造成一个统一的广播平台。其主要做法和社会效益如下。

1. 统筹协调，确保预警广播系统整合资源到位

洪江市非工程措施项目原计划建设无线预警广播站200套，于2012年2月开始施工建设。与此同时，洪江市广电部门亦在大力推进农村广播村村响工程。根据这一情况变化，洪江市委、市政府、市防指统筹协调，决定整合两部门建设内容，在满足各自业务需求的基础上，通过技术改造和创新，将防汛预警广播系统拓展增加农村广播功能，并将广播站点增加到500套。统一后的预警广播平台，采取市、乡、村三级可控、上级优先的控制方式，市防办、市广播电视台分别建立互联互通的两个控制中心，同时建立25个乡镇级预警广播控制平台。

2. 重视管护，建立项目运行长效管理机制

为保障项目建成后的正常运行，洪江市在项目竣工后，及时将预警广播系统运行维护管理工作移交给广电部门负责，市财政落实了专项维护经费12万元，确保实现专业部门维护管理。洪江市水利、广电部门均将预警广播系统设施设备维护管理纳入本单位的工作计划，明确了分管领导和技术负责人，安排落实了专管人员，同时建立了设施设备巡查和故障及时排查责任机制，随时、主动掌握设施设备运行动态。各乡镇也都建立了预警广播设施设备操作的责任管理机制，明确了预警设施启动操作的乡镇责任领导和第一责任操作员、预备操作员。广电部门在市防指的安排下，分别举办了各乡镇广播站专业技术人员维修技术培训班、乡镇操作人员培训班。由于维护经费落实到位，管理责任明确到位，各维护单位、维护专干的工作积极性得以充分调动，自觉巡查、排除设备故障隐患的工作机制落到实处。

3. 及时预警，充分发挥广播系统防灾减灾效益

在近几年的山洪灾害防御工作中，市乡防汛部门通过预警广播系统，及时发布暴雨山洪预警信息，切实发挥了防灾减灾效益。洪江市双溪镇在2012年“5·14”和“6·10”两次强降雨的过程中，通过全镇安装的14个预警广播站点，发布预警广播信息，及时转移群众，全镇没有发生一起因山洪灾害导致的人员伤亡事件。2013年、2014年两年，洪江市利用预警广播系统共发布暴雨山洪预警广播信息5000余条次，安全转移4580人。

4. 综合利用，积极拓展广播系统社会综合效益

通过预警系统拓展农村广播功能，不仅避免了重复投入、重复建设，节约了资金，而且有效利用了广播电视现有的光纤网络，既提高了基础设施的利用率，又增加了项目的实际功效。在实际使用过程中，由于增加了农村广播功能，贴近群众、深入群众生产生活的作用进一步显现，群众关心广播以及参与维护广播基础设施、保持广播正常运行的自觉性进一步提高。2013年8月30日，湖南省首创的一档农村交通安全广播节目《交警联播网》在洪江市板桥村试点开播，就是利用该广播系统作为平台，向广大农村群众宣传教育最基本、最实用的交通安全知识，目前已计划在全省推广。2013年9月市公安部门开播的《村村响》节目也是利用该系统宣传防火防盗防骗等知识。

郴州市的汝城县、临武县、桂阳县、安仁县、宜章县、资兴市、北湖区、苏仙区等7个县市区也将山洪预警广播纳入“村村响”农村广播序列，互联互通，明确优先权，取得了较好的综合服务效益。

资料来源：汤喜春．湖南省山洪预警广播综合利用探索与实践．中国防汛抗旱，2015（5）：64－66

四、其他预警设备

其他预警设备有手摇报警器、铜锣、鼓、高频口哨、手持扩音器、对讲机等，这些预警设备价格低、操作简便，在电力中断、通讯中断等情况下，将成为传递预警信息的最后一道保障。

（一）手摇报警器

手摇报警器可在无电源支持的场所传达有效的报警信号。通过人工用手顺时针方向摇动手柄，发出的声音尖锐、穿透力强。手摇报警器多为铝合金材质，声音传送距离大于500m，当转速达到初级转速（50～80r/min）时，声音能到110dB。因手摇警报器较重，为了方便使用，多采用支架支撑（图5-11）。

图5-11　加装支架的手摇报警器（杨文涛摄）

（二）铜锣

铜锣（图5-12）与手摇报警器类似，只要人力就可发生报警信号。用于山洪灾害预警的铜锣材质要求为铜锡合金（其中含锡量10%～20%，其余为铜），直径不得小于30cm，重量不小于2kg，声音传输距离不小于500m（空旷区域）。

图5-12　具有防汛标识的铜锣（何秉顺摄）

第三节　（村组）社区防御流程

一、汛前准备

（一）落实责任

简易监测预警设备（无线预警广播、简易雨量报警器、简易水位报警器、铜锣和手摇报警器等）要落实专人负责监测和保管，每位监测员（保管员）要签订责任卡。县级防汛部门每年汛前对监测员进行一次操作使用及保管培训。保管员应做好设备保管养护，确保设备在汛期能正常使用。

（二）汛前检查

汛前，县级对县域内山洪灾害防治非工程措施进行自查，在自查的基础上，省级、地市级进行重点抽查；汛期，按照山洪灾害监测预警平台汛期应用规程开展检查工作；汛后，针对汛期运行情况，县级对县域内山洪灾害防治非工程措施进行检查。县级要将汛前自查中发现的问题逐一造册登记，督促项目承建单位或运行维护单位整改落实，务必在汛期来临前整改到位。其中，山洪灾害群测群防体系检查的内容如下：

1. 责任组织体系

检查县包乡、乡包村、村包组、干部党员包群众的“包保”责任制体系建立情况；信息监测、调度指挥、人员转移、后勤保障和应急抢险工作组建立情况；检查行政村负责雨量和水位监测、预警发布、人员转移等相关责任人和联络方式落实情况。

2. 防御预案修订

检查山洪灾害防御预案修订情况，重点检查责任人名单及联系方式、预警指标更新情况。

3. 宣传、培训和演练工作

检查本年度宣传、培训和演练工作方案制定及实施情况；宣传栏、警示牌、宣传手册、明白卡张贴和发放情况；防御责任人掌握山洪灾害防御预案情况。

4. 无线预警广播

检查无线预警广播设备设施完好性；检查预警广播机、传输单元、供电单元接口连接是否牢靠；检查白名单号码设置情况；用手机拨通无线预警广播设备，进行现场说话测试，验证无线广播能否准确发音以及音量的大小是否满足要求，检查声音传输距离。用手机发送短信，验证短信是否能够正常播放；检查看护人员对设备操作和预警信息发布流程的掌握情况。

5. 简易雨量报警器

检查简易雨量报警器完好性，简易雨量报警器预警指标是否设定；检查通信状态，电池是否更换；模拟降雨，检查报警器显示读数，当达到设定预警指标时是否能及时报警，报警声音是否清晰。

6. 简易水位报警器

检查设备是否完好；准备转移水位、立即转移水位等特征水位线和标识是否清晰。检查报警器当达到设定预警指标时是否能及时报警，报警声音是否清晰。

7. 其他预警设备

检查手摇报警器、铜锣等设备是否按要求或方案发放到位，是否有专人管理和存放地点，预警负责人是否熟悉预警信号及流程。

链接：湖北省罗田县检修调试山洪预警广播做到台台响

自2015年5月22日以来，湖北省罗田县进行了为期一周的山洪灾害预警广播检修、调试工作。

近年来该局在上级防汛、水文部门的资金和技术的支持下，在该县重点地段和村组，首批安装了74套山洪灾害监测预警系统广播。初步实现了对该县突发强降雨等灾害性天气的预警，增强了对全县灾害预警信息的时效性、针对性和覆盖率的效果，实现了预防灾害演练、实战操作、系统指挥的目的，科学防灾、减灾能力明显加强。

2015年进入汛期后，为确保该县防汛指挥机构及时掌握水、雨情和指挥信息，该局组织了专业检修、调试人员，对每台广播进行检修、调试，做到台台通、台台响，保证预警信息、指挥信息畅通。根据几年来运行该预警系统的情况，为了更好地向指挥机构提供准确信息，方便群众积极预防和参与，最大限度地避免山洪等灾害造成的人员伤亡和财产损失。该县正在多方筹措资金，准备在2015年汛期完成第二批92台套预警广播的安装，对全县所有水系和重点灾害地段，完成全覆盖预警，确保防汛安全。

资料来源：湖北省水利厅网站（http://www.hubeiwater.gov.cn），2015年5月28日

二、预警信息发布与传达

（一）预警的方式

山洪来临时，通信畅通的情况下，防汛指挥部门要通过电话、电视、媒体、手机短信、预警广播等多种方式向群众预警。与此同时，当地雨量、水位监测员观测到可能引发山洪、泥石流、滑坡的雨量、水位后，要通知预警人员立即采用手摇报警器、铜锣、鼓、口哨、电话、高音喇叭等设施、按事先约定好的山洪灾害预警信号，迅速向可能受威胁的群众传递预警信息。

预警信号的约定可以根据当地群众的习惯等事先约定，如缓慢敲锣声代表提高警惕、急促敲锣声代表迅速转移等。

（二）预警流程

根据预警信息的获取渠道不同，可分为从监测预警平台获取信息和群测群防获取信息两种途径。预警信息的发布主要由各级山洪灾害防御指挥部门或者群测群防监测点上的监测人员通过各种预警方式完成，如图 5-13 所示。

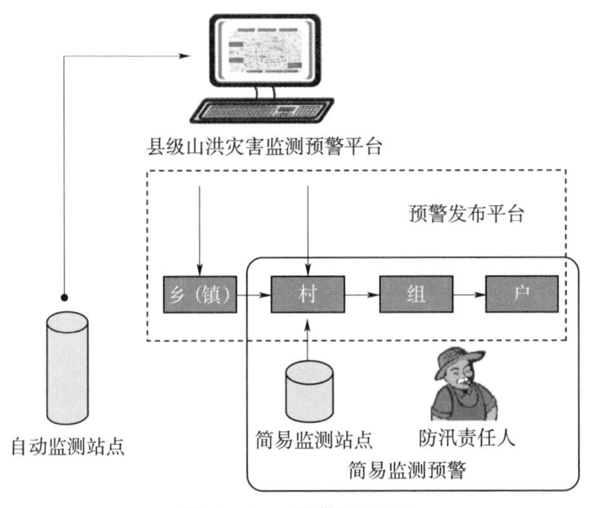

图 5-13 预警流程图

途径 1：县级防汛部门通过监测预警平台，将预警信息发送至各乡（镇）或行政村，由各乡镇或行政村传输给村、组、户。

途径 2：村组采用简易监测预警设备监测雨水情等指标，超过设定阈值时，采取无线广播、敲锣、手摇报警器等方式向所在区域及可能影响区域的居民以最短时间完成预警传达工作。

（三）雨水情监测

（1）简易雨量报警器。汛期，每天定时记录一次全天降雨量，有降雨过程发生时，监测员（保管员）要加密雨量的监测及雨量记录工作，并汇总全天降雨量，填写降雨情况统计表。

（2）简易水位报警器。有降雨过程发生时，监测员要加密对水位的监测，尤其注意发生水位陡升的情况。

（四）预警传达

监测员（保管员）监测到雨量或水位达到预警指标时，须立即向村组防汛责任人报告，根据责任人的指示，及时通知报警员。报警员接到报警通知后，利用配发的预警设施设备（无线预警广播、铜锣、手摇报警器等）到户到人通知相关村民准备转移或立即转移。

链接：村组山洪灾害预警信息发布和传达过程中暴露的薄弱环节

（1）预警信息传递“不达”。由于种种原因，预警信息“最后一公里”的问题没有得到解决，在传递过程中中断，不能确保预警信息到户到人。如2013年8月16日，辽宁省清原县遭受特大山洪灾害袭击，其中以南口前村伤亡最为严重。而与南口前村距离2km的北口前村人员却零伤亡，村支书接到通知后迅速组织9名村干部挨家挨户组织转移，个别不想撤离的村民还被强制撤离；而南口前村干部在灾害发生时不知去向，没有把预警信息及时传达到每个村民家里，全村在特大山洪前处于不设防状态。

（2）预警信息内容“不明”。发布的预警信息没有从群众的认知水平出发，太过于专业化或烦琐，或未包含正确的行动指南，导致群众收到预警信息后并不能快速理解并做出正确的行动。如福建省某县在2015年防御特大山洪灾害的过程中，向全县3700名防汛责任人发布4轮共计1.5万条预警信息，预警信息的内容为“全县启动Ⅳ级防汛应急响应”“全县启动Ⅲ级防汛预案”等，对于一般社区和村组防汛责任人，并不能理解预警信息包含的实际含义和对行动的要求。

（3）预警信息传播“不快”。预警信息发出或传递的审批、审核环节太多，挨家挨户通知费时费力，难以跑赢洪水和灾害。如2016年6月19日，湖北省某县级监测预警平台分别于4时25分、4时31分、5时3分向值班人员发布了内部预警。值班人员经过核实后，向相关领导报告并经会商后，于6时49分向200多名责任人发出了605条预警短信，预警信息发出时间距离第一次预警产生时间为2小时24分钟，此时部分乡镇已经成灾。此外，山区村组多居住分散，传达预警信息多需要挨家挨户通知，预警信息传播速度难以适应山洪灾害的突发性和快速性。

（4）预警信息覆盖“不全”。一些乡镇、村组的山洪防御责任落实有死角，忽略外来人口或旅游人员，不能将预警信息传达覆盖至受威胁的每个人。如2012年6月28日，四川省宁南县矮子沟白鹤滩水电站施工工地发生山洪泥石流灾害。居住在矮子沟上游的本地村民117户、557人根据县防汛指挥部和乡镇转发的预警信息，全部安全撤离；但预警信息并没有传达至施工人员，导致施工单位40人死亡失踪。

（5）预警信息传达“不易”。暴雨山洪时外部电力、通信中断，难以用现代化通讯传播信息，道路泥泞不堪，有时还需要冒险过河过桥。2016年7月9日，在防御“尼伯特”台风过程中，福建省永泰县清凉镇旗山村村支书在传递预警信息中牺牲。2015年“8·17”四川叙永县山洪泥石流灾害防御过程中，因难以通过暴涨的河流，甚至需要采用投石、放鞭炮等原始方式通知对岸居民转移。

资料来源：何秉顺，严建华．主动防御型社区洪水预警系统研发//第七届防汛抗旱信息化论坛论文集，2017

三、转移避险

（一）转移避险的原则和纪律

（1）转移避险的原则：①先人员后财产，先老弱病残幼后一般人员的原则；②避险地点一般采取就近避险、集中避险与分散避险相结合的原则。

（2）转移避险的纪律。转移工作采取县、乡（镇）、村、组干部层层包干负责的办法实施，统一指挥、统一转移、安全第一。特殊人群的转移避险必须采取专项措施，并派专人负责，如老弱病残幼人员，汛前各村组必须统计摸底，针对此类人员，安排具体人员有针对性地专人负责，儿童由家长带领。乡村中小学学生的转移避险尤应加强防范，责任人要提高警惕，严密组织，确保万无一失。

（二）转移避险的组织

根据山洪灾害防御预案确定各村组的转移负责人和转移人员。

转移避险负责人负责组织、协调、指挥、督导本村各组村民的转移避险工作，并及时向所在乡镇防汛指挥机构报告就地避险和转移避险进展情况，避险就绪后，乡防汛指挥机构向县防指汇报。

山洪灾害立即转移指令发出后，转移避险负责人应依照转移原则，快速、高效率地转移相关人员，负责处理转移中出现的突发事件，并有权对不服从转移命令的人员采取强制性转移措施。

（三）转移避险的路线、地点

转移避险路线的确定遵循就近、安全的原则，汛前拟定好转移路线，汛期由有转移任务的行政村负责人经常检查转移路线是否出现异常，如有异常应及时修补或改变路线，转移路线宜避开跨河、跨溪或易滑坡等地带。对干部、群众进行宣传，使其熟悉转移负责人及路线。

链接1：提前进村入户机制

为了应对大规模群发山洪灾害时组织转移力量不足的问题，北京市密云县在2001年率先提出了提前进村入户包转移制度，并已推广至河南、辽宁等省。

2011 年 7 月 24 日，根据北京市气象台暴雨预警，密云县防汛指挥部及时启动防汛应急抢险预案，果断做出了泥石流易发区和生存条件恶劣地区群众马上提前转移的决策。按照县包镇、镇包村、村包户、党员包群众的要求，全县的县镇村共有 2000 多名干部立即深入到村，仅用 4 个多小时就转移了 51 个村 1611 户共 4010 人。

2016 年 8 月 12 日 10 时，密云发布暴雨红色预警，12 时发布了持续 24 小时的地质灾害橙色预警。大城子镇、穆家峪镇、巨各庄镇等地区最高时降水量多达 208mm，多处地区遭受暴雨引发的洪水灾害。密云区镇村三级共投入 8100 人深入进村，3 小时内共转移 184 个村、3584 人到安置点。

资料来源：综合北京市防汛应急预案（2012 年修订）、中国天气网等资料（http://news.weather.com.cn/1423250.shtml）

链接 2：结对转移避险机制

宜宾市屏山县积极探索山洪灾害防治工作的方式方法，针对山洪成灾快、避险转移时间短、部分危险区群众自救互救能力弱的特点，创立了结对提前避险转移机制，成效显著。2016 年主汛期，屏山县遭受了两轮大暴雨袭击，最大降雨量达 187mm，15 个乡镇多处农房受损，部分严重垮塌，但得益于监测预警科学及时、转移避让提前实施，未造成人员伤亡。

按县委县政府要求，屏山县各乡镇均落实了 2 名分管领导负责辖区内山洪灾害危险区排查及群众避险工作，针对已发现或新排查出来的危险点，逐一制定隐患台账、转移人员名单和接待安置点名单，对危险区域人员实行动态管理。转移以投亲靠友为主，签订三方（转移人、安置负责人、乡镇政府）协议，一旦接到暴雨预报，安置负责人立即通知、协助转移人转移，并对吃住和安全负责。2016 年汛期，屏山县共签订结对提前避险三方协议 1115 户 4214 人，政府专项安排经费 200 万元，按每人每天 10～20 元的标准，补偿群众转移避险费用。通过建立群众结对提前避险转移机制，并将其纳入县委县政府督办清单目录，确保落到实处，较好解决了危险区群众及时安全转移避险的问题。

资料来源：四川省防汛抗旱指挥部办公室网站（http://www.scfx.org.cn）

链接3：联户叫醒机制

为了夯实防汛责任，推进广大干部群众共同防御暴雨洪水灾害，早在2003年，陕西省铜川市就结合当地地形、地貌特点以及防汛主要任务，创新性地提出了联户叫醒责任制这一行之有效的转移避险方法，并在全市大力推行。

联户叫醒具体实施办法：一是以村为单位，在汛前确定汛情监测人、撤离路线、应急安置点、预警信号发布形式；二是进行编组，确定联户叫醒责任人。按照就近原则将10户或5户群众编成一组，推选一名责任心强的群众担任联户叫醒责任人；三是制作并在汛前向各户群众发放张贴联户叫醒明白卡，事先告知群众叫醒责任人、预警信号方式、撤离路线等；四是发生险情后，汛情监测人将预警信号传到社区或村上后，社区或村上迅速将汛情预警信号发到各联户叫醒责任人，由联户叫醒责任人将汛情预警通知到有关户，并组织群众快速撤离到指定安置地点。联户叫醒责任落实工作由区县防汛办指导，乡镇街道办事处负责，行政村或社区具体负责落实。联户叫醒责任制的实施，保证了在遇到紧急情况时能以最快速度通知到各家各户，及早组织群众安全撤离，有效防灾避险。

资料来源：陕西省防汛抗旱总指挥部办公室万广荣

第六章　宣传培训与演练

山洪灾害宣传、培训及演练的目的是让群众熟知所在地山洪灾害发生风险，掌握山洪灾害防御常识，增强主动防灾避险的意识和自救互救技能，使群众具有山洪灾害防御自觉性，所建设的监测预警系统和群测群防体系才能最大程度地发挥预期效用。本章阐述了山洪灾害宣传方式及内容、宣传材料设计与制作、面向责任人和群众两种对象的培训内容和组织方式、乡（镇）级演练和村级演练要求等。

对群众的山洪灾害防御宣传教育不是一朝一夕之事，应采取群众喜闻乐见、丰富多彩的形式，并广泛、持续开展。另外，还应把中小学校作为重点，积极争取将山洪灾害防御和避险自救纳入课外教材中，并通过多种形式加强宣传教育。

第一节　宣　　传

一、宣传的原则与任务

（一）原则

1. 以防为主，持续宣传

山洪灾害防御立足于防，因此，应广泛、持续地进行宣传，让广大人民群众熟知并掌握山洪灾害防御的基本常识，达到“掌握知识、提高认识、增强意识”的目的。

2. 精心组织，全民参与

以县级防御指挥机构为主体，在省、市的统一要求和指导下精心组织本辖区内的山洪灾害宣传活动，指导乡（镇）、村的宣传工作，制作、分发、安装宣传材料。防治区内的群众积极参与，特别是居住在沿河村落危险区的居民，都要在各式各样的宣传活动中，充分了解自身所处位置受山洪威胁的程度，提高防范意识，掌握避灾救灾常识。

3. 因地制宜，多种形式

各地应根据实际情况，因地制宜地采用多种形式宣传手段，展开广泛宣传。

4. 多样素材，科学有效

设计制作丰富多彩的宣传材料，包括宣传栏、标语、宣传册、明白卡以及标志标识等，结合宣传活动在群众中科学配置分发，讲究宣传实效。

5. 图文并茂，通俗易懂

制作使用的宣传材料要图文并茂，内容翔实，通俗易懂，让群众易于接受、掌握，并注重美观和耐久性。

（二）任务

1. 工作宣传

向山洪灾害防治区内的广大干部和群众宣传党和政府关于山洪灾害防治的各项政策、措施；普及相关法律法规，增加全社会的防洪减灾意识和法律观念；公布山洪灾害防治项目建设的内容、进度和成效以及各级山洪灾害防御机构和责任人等。让各级政府和社会各界理解、重视、支持山洪灾害防治工作，使社会公众积极参与到山洪灾害防治工作中，推进山洪灾害防治工作持续发展。

2. 知识宣传

（1）日常宣传。向防治区内的居民以及防治区的旅游景区、施工工地等人员密集处的群众，宣传山洪灾害防御常识，使大家了解山洪灾害的危害，山洪灾害的形式及特点以及防治的必要性和防治措施；掌握自身受山洪灾害威胁程度，防御责任人及其联系方式；熟记山洪灾害预警流程，预警信号，避险转移方式和路线等，提高群众的防御意识和应急避险能力。强调人类活动对自然的破坏，加剧山洪的暴发，提示人们要保护好赖以生存的生态环境，杜绝侵占河道、乱砍滥伐等行为。注重加强对中小学生防御山洪灾害和避险自救的宣传教育。

（2）灾后宣传。利用预警广播、短信息等播放、发送避险救灾常识，公布救灾进程等，以安定民心，迅速恢复灾区的正常生活、生产秩序。

3. 警示性标识

根据调查评价的结果，标识防治区内的危险区、应急避险点、转移路线、警戒水位等，警示群众注意防范山洪威胁，并让群众能一目了然，在灾害来临时能按指示做出反应，有序快速转移。

二、山洪灾害宣传方式及内容

山洪灾害宣传的方式可分为：布设分发宣传材料，设置标识标牌，开展专场宣传活动以及采用公共媒体宣传等方式。

（一）布设分发宣传材料

1. 在山洪灾害防治区布设宣传栏、宣传挂图、宣传牌、宣传标语等

在防治区内乡（镇）政府、村委会等公共活动场所布设宣传栏、宣传挂

图；在交通要道两侧等醒目处布设宣传牌、宣传标语。宣传栏应公布当地山洪灾害防御的组织机构、山洪灾害防御示意图、转移路线、应急避险点等内容；宣传牌、宣传标语要用精炼、醒目的文字宣传山洪灾害防御工作；宣传挂图以图文并茂的内容宣传山洪灾害防御知识，提升群众防灾减灾意识。

2. 发放明白卡

在山洪灾害危险区内，以户为单位发放山洪灾害防御明白卡，明白卡内容包括家庭成员及联系电话，当地转移责任人及联系电话、应急避险点、预警信号等信息。

3. 印发宣传册、海报、传单等

利用日常的宣传活动分发宣传册、海报、传单、日历、折扇等印有山洪知识的宣传材料，以灵活、简捷的方式，丰富多彩的内容，宣传山洪灾害防御知识，起到教育、警示作用，使群众能提高防御意识，掌握必要的应急避灾常识。

（二）设置标识标牌

在山洪灾害危险区醒目位置设立警示牌、危险区标识牌、应急避险点标识牌、转移路线指示牌、特征水位标识、山洪灾害设施设备安全警示标识等。警示牌上标明危险区名称、灾害类型、危险区范围、应急避险点、预警转移责任人及联系电话等内容。转移路线指示牌应标明转移方向、应急避险点名称、大概距离等。特征水位标识包括历史最高洪水位、某一特定场次洪水位、预警水位等。让群众能熟悉当地受山洪威胁的状况，掌握转移地点、转移路线、预警信号，并警示和教育群众要爱护在本区域内安装的监测预警设备、设施。

（三）专场宣传活动

在每年的“防灾减灾日”等特定的日期，组织专场的山洪灾害宣传活动，以街头咨询、展板、分发宣传资料、播放宣传片、张贴标语等方式，出动宣传队、宣传车，定期不定期地开展山洪灾害防御知识宣传。栾川县山洪灾害防御宣传如图 6－1 所示。

（四）公共媒体宣传

录制山洪灾害防御专题片、歌曲、公益广告等，在当地培训会议、电视台、电台、网络、预警广播中播放。利用报纸和期刊等报道刊登山洪灾害防治现状、防御知识，以及有关的典型事件和人物等。也可根据当地的实际情况，排演富有地方色彩的戏曲等文艺节目。以群众易于接受的多媒体方式，广泛宣传山洪灾害的特性和防御知识，内容要积极向上、通俗易懂、脍炙人口。还可利用微信、微博等新媒体宣传山洪灾害防御常识。

图 6-1 栾川县山洪灾害防御宣传豫剧（杨文涛摄）

三、宣传工作的实施

（一）宣传工作组织

（1）省级制定山洪灾害宣传实施方案，制定宣传管理规章制度和宣传纪律；结合本省实际情况，统一组织规定宣传栏、宣传画册、标识标牌等山洪灾害宣传材料的设计制作要求，保证各材料科学、专业、统一；督促、指导各市、县积极开展宣传。

（2）市级在省级的统一要求下，制定本级的宣传计划，指导和督促本市范围内的山洪灾害防御知识宣传工作。

（3）县级防御机构主导和组织本辖区内的宣传工作，在上级部门的统一要求和指导下，制定详细的宣传计划，落实经费；结合本区域的具体情况，参考本书中的要求和样式，编制各种宣传材料；采用各种方式，持续地开展宣传活动。

县级防御机构应根据本区域的山洪灾害调查评价成果中，各危险区、受威胁人口、防御责任人、转移路线、预警信号等实际情况，定制各危险区的警示牌、宣传栏、明白卡等宣传材料，并组织乡（镇）和村级防御机构，及时安装、发放到位。

（4）乡（镇）和村级在县级的指导下积极开展本级的山洪灾害宣传工作。配合县级将宣传材料分发到户到人，宣传栏、标识标牌等安装固定到位，并进行解释和宣传。定期地开展宣传活动，在集市或村委会组织村民观看山洪灾害防御宣传专题片，分发明白卡、宣传册、传单，张贴海报、标语等。宣传活动也可结合培训、演练同时进行，更加直观、生动地宣传山洪灾害防御知识。

（二）制作安装数量

各地的宣传材料制作数量及安装，应按本地宣传实施方案或宣传计划来确定，也可参照表 6－1 数量要求制作或发放。

表 6－1　　宣传材料制作数量及安装（发放）要求

序号	名　称	制作数量	安装（发放）要求
一	宣传资料		
1	宣传栏	防治区乡（镇）、村，每村 1 个，每乡（镇）1～2 幅	乡（镇）政府、村委、活动中心、广场等
2	宣传画册	防治区住户每户 1 册	县级负责制作印刷，乡（镇）、村配合发放
3	明白卡	防治区内住户每户 1 张	县级负责制作印刷，乡（镇）、村配合发放
4	宣传 DVD	防治区行政村每村 1 张，每个乡（镇）3 张，县 3 张	村委组织群众观看。不定期地在县电视台黄金时段播放
5	宣传标语	防治区内 1～2 幅	防治区道路两侧刷写
6	挂图	防治区行政村每村 2 幅	在村委会办公室挂贴
二	标识标牌		
1	警示牌	危险区每村 1 块	山洪灾害危险区醒目位置
2	危险区标识牌	每个危险区 1～2 块	山洪灾害危险区醒目位置
3	应急避险点标示牌	每个应急避险点 1～2 块	划定的避险安置区域醒目位置
4	转移路线指示牌	每条转移路线 3～4 块	安装在转移路线中转弯和岔路口处
5	设施设备标识	根据各县实际情况而定	山洪灾害监测预警设施设备适当位置上
6	设备操作说明牌	根据各县实际情况而定	安装在简易雨量报警器、无线预警广播等设施设备显著位置旁
7	水位及洪痕标识	根据各县实际情况而定	安装水位桩，或者喷涂在危险区河道岸边、跨河建筑物醒目处

（三）宣传材料维护要求

（1）教育群众和儿童要爱护设置、安装在防治区内的宣传设施，如宣传栏、标语、标识标牌等，不要破坏或涂抹等；发放在群众手中的宣传资料，如宣传册、明白卡等，要认真阅读，妥善保存。

（2）山洪灾害宣传栏至少每三年更换一次。

（3）山洪灾害防御明白卡要保证每户一张，发现遗失要及时补发。

（4）山洪灾害宣传画册、宣传挂图、标语、宣传光盘等，至少每三年更换一次。

（5）山洪灾害标识标牌，至少每五年更换一遍。

四、宣传材料的设计与制作

（一）宣传栏

在山洪灾害危险区县、乡（镇）及行政村居民集中的地方制作安装宣传栏，公布山洪灾害分布示意图，并宣传山洪灾害防御知识和有关规定，以方便群众和基层工作人员日常浏览、观看、学习。

1. 一般要求

（1）整体造型简洁、美观、大方，经久耐用。

（2）结构坚固，安装便捷、牢靠。

（3）版面布局精美，内容丰富、色彩艳丽。

（4）宣传主题专业翔实、指向性强、鲜明生动、通俗易懂。

（5）选材经久耐用，不易生锈，不易变形、版面内容不易脱落。

2. 宣传栏版面内容及设计要求

宣传栏版面要求内容丰富、图文并茂、通俗易懂，至少应包括以下内容：

（1）山洪灾害的危害。

（2）山洪灾害的形式及特征。

（3）群众如何正确避险。

（4）山洪灾害防治措施。

（5）山洪灾害预警流程（一般情况下和紧急情况下）。

（6）正确识别山洪灾害防御预警信号。

山洪灾害防御宣传栏如图 6-2 所示。

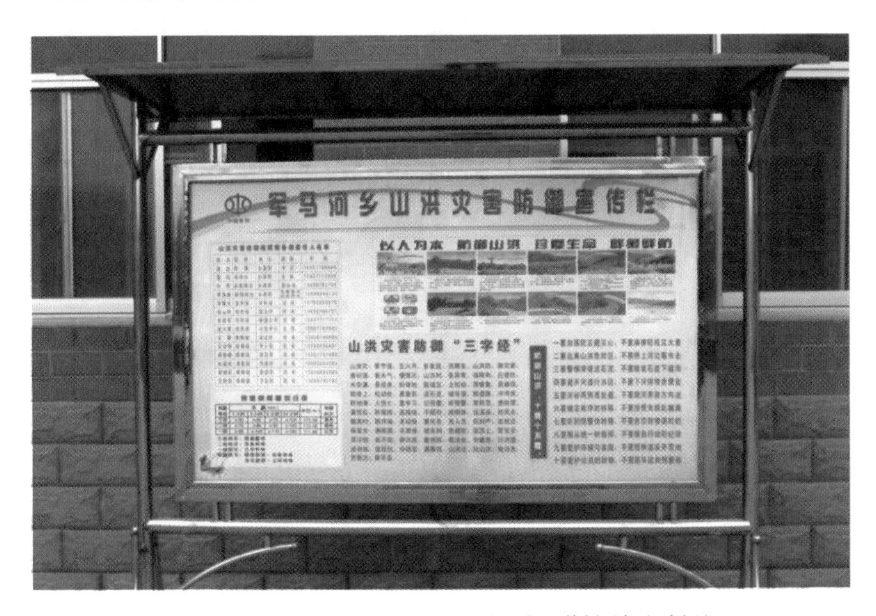

(a) 河南省西峡县军马河乡山洪灾害防御宣传栏（杨文涛摄）

图 6-2（一） 山洪灾害防御宣传栏

(b) 河南省鲁山县团城乡山洪灾害防御宣传栏（杨文涛摄）

(c) 陕西省汉阴县山洪灾害防御宣传栏（万广荣摄）

图 6-2（二） 山洪灾害防御宣传栏

（二）宣传画册

《山洪灾害防御知识宣传画册》是一本集合山洪灾害防御相关照片、卡通图片及相应文字说明等内容的图文册集。通过相应图片并附上精炼到位的文字说明，准确阐明防御山洪的基本知识。县级防汛指挥部门应组织各乡级防汛指挥部门及时将山洪灾害防御宣传画册发放入村入户，并进行宣传解释。

1. 一般要求

(1) 主题鲜明，简单扼要。

(2) 图文并茂，以图为主。

（3）内容真实，令人触动。

（4）设计精美，画质清晰，便于携带和保存。

2. 版面内容要求

山洪灾害防御知识宣传册（图 6－3）以图片为主文字注解为辅的形式呈现主题，可参考以下大纲和内容进行编排：

（1）血的代价。以展示惨痛的历史山洪灾害图片为依托，阐明防御山洪的必要性。

(a) 广西壮族自治区山洪灾害防御知识宣传册（梁学文摄）

(b) 陕西省紫阳县山洪灾害防御知识宣传册（万广荣提供）

图 6－3　山洪灾害防御知识宣传册

（2）守护家园。用图片和漫画的形式，介绍山洪、认识山洪灾害，告诉人们如何防御山洪。并配以近年来山洪灾害防治项目建设照片，描述山洪灾害监测预警、明确预警信号，开展宣传、培训和演练等工作，展示山洪来临时，人民群众如何在政府职能部门的统一引导下安全转移，确保人民群众的生命财产安全的全过程。并强调人类活动对自然的破坏，加剧山洪的暴发，提示人们要保护好赖以生存的生态自然环境，杜绝侵占河道、堆弃渣土、乱砍滥伐等行为。

（3）雨后彩虹。与图片形式，展示各级防御机构及时预警，组织转移群众，并迅速展开救援和灾后重建，体现一方有难八方支援，共同建设美丽家园，使灾区呈现雨后彩虹的景象。

（三）明白卡

明白卡入户发放，确保一户一张，应标明危险区的位置及其相应的应急避险点、转移路线、当地防御机构负责人姓名和联系方式以及明确的转移信号等。发放到山洪灾害威胁区的住户，每户一张。

1. 一般要求

（1）简明扼要，一目了然。

（2）防水防潮，不易变形脱色。

（3）设计精美，群众乐于挂贴和保存。

（4）统一印制，版面可书写。

2. 明白卡的样式、尺寸及选材

明白卡配以主题图片，突出防御山洪、紧急避险的主题。版面上标明各种预警信号的形式，并预留位置以书写危险区名称、应急避险点、转移路线、防汛负责人等信息。明白卡的样式可兼顾其他用途，如印制上年历、折扇等，使明白卡更加实用，让危险区居民乐意保存。

3. 明白卡版面需标明以下内容

（1）标明山洪灾害危险区名称。

（2）受威胁户主名字及家庭人口状况。

（3）应急避险点名称、位置及转移路线。

（4）危险防汛负责人、姓名及联系方式。

（5）各种预警信号形式等。

山洪灾害防御明白卡如图 6－4 所示。

（四）户外 LED 显示屏

在山洪灾害危险区县、乡（镇）及行政村居民集中的地方制作安装 LED 显示屏（图 6－5），发布天气预报、实时预警消息，宣传山洪灾害防御常识等。

(a) 广西山洪灾害防御明白卡样式（梁学文提供）

图 6-4（一） 山洪灾害防御明白卡

山洪灾害防灾避险
明白卡
—— 存档页 ——
户主姓名：
联系电话：
家庭人口：
居住地点：
安置地点：
为了保护村民安全
请认真保管此卡！

山洪灾害防灾避险
明白卡
—— 村民页 ——
____镇____村____危险区
防汛负责人：
电　话：
监测员：
预警员：
转移负责人：

(b) **河南省山洪灾害防御明白卡样式（杨文涛提供）**

图 6-4（二）　山洪灾害防御明白卡

(a) **河南省商城县山洪灾害防御LED显示屏（杨文涛摄）**

图 6-5（一）　山洪灾害防御 LED 显示屏

(b) 河南省商城县山洪灾害防御 LED 显示屏（杨文涛摄）

图 6-5（二） 山洪灾害防御 LED 显示屏

（五）宣传光盘

以县为单位录制、编辑山洪灾害防御宣传 DVD，以专题片形式，集合图片、视频、文字及宣讲，多角度多层次向公众普及山洪灾害防御相关知识。

1. 一般要求

（1）内容翔实，清晰生动。

（2）剪辑严谨，层次鲜明。

（3）配音规范，解说明了。

（4）背景音乐和主题曲切题、和谐。

（5）包装和印刷精美、大方。

2. 专题片样式

以历史山洪灾害惨痛的画面强力渲染山洪灾害防御的必要性，激活人民热爱家乡保护家园的主题。以山洪灾害防御演练及培训现场为背景，科学、有序、形象地叙述在山洪灾害面前人民如何积极面对，表达人民防御山洪灾害的信心和决心。

3. 专题片内容要求和参考大纲

（1）专题片内容要求。专题片 DVD 以县为单位进行编辑制作，每个项目县录制一个具有当地特色的版本，素材及内容应包括：

1）山洪灾害的危害，历史山洪灾害的视频画面。

2）山洪灾害的概念和防御知识。

3）山洪灾害防治项目建设内容及各项目县建设情况。

4）县、乡（镇）、村各级防御机构及岗位职责。

5）提高意识，规范人类活动，人与自然和谐相处。

6）山洪灾害防御宣传主题曲。

（2）专题片录制参考大纲。

第一篇　山洪灾害的危害

以历史影像描述当地山洪灾害情况，强调普及山洪灾害知识，增强公众抗灾自救能力，切实提高各级山洪灾害防御机构责任人的工作能力和工作成效，已是刻不容缓。

第二篇　山洪灾害的基本知识

描述山洪灾害的常识，造成山洪灾害的原因等。

第三篇　山洪灾害防治项目建设

描述国家正在开展山洪灾害防治，以增强各地的防灾减灾能力和风险管理能力，最大限度地减少人员伤亡和财产损失，为构建和谐社会、促进社会经济环境协调发展提供安全保障。建设的内容包括：山洪灾害调查评价；划分危险区、应急避险点，确定转移路线；确定预警指标明确预警信号；建立监测预警系统及时有效预警；落实责任制组织体系；编制山洪灾害防御预案；提高防御意识加强宣传培训和演练。

第四篇　规范人类活动人与自然和谐相处

描述除了自然因素，人类活动也加剧了山洪灾害的发生。规范人类活动，建立人与自然和谐发展之路，对山洪灾害的防预尤为重要。

结尾山洪灾害防御主题曲。

山洪灾害防治宣传片光盘如图 6-6 所示。

（六）宣传标语

在防治区内人口较密集的醒目位置，因地制宜，灵活、广泛布设宣传标语，营造群测群防的气氛，提高群众防御意识。

1. 一般要求

（1）标语以广告栏制作形式，或者喷涂在建筑物墙上或石壁上。

（2）语句要精炼，主题要突出。

图 6-6　山洪灾害防治宣传片光盘设计样式（梁学文提供）

（3）制作、喷涂材料要防水防潮，不易破坏或脱色。

（4）标语大小可根据安装或喷涂位置的具体情况确定，图幅高度以大于70cm为宜。

2. 版面样式、选材及安装要求

（1）版面样式。

1）标语版面色彩对比强烈，以蓝色为主色调。

2）标语尺寸：图幅高度不小于70cm。

3）宣传标语的样式可参考图6-7。

(a) 陕西省曲江区山洪灾害防御宣传标语（赵凌杰摄）

图 6-7（一）　山洪灾害防御宣传标语

(b) 河南省鹤壁市淇滨区山洪灾害防御宣传标语（杨文涛摄）

(c) 河南省山洪灾害防御宣传标语（杨文涛摄）

图 6-7（二） 山洪灾害防御宣传标语

(2) 标语选材要求。标语可用广告支架、广告喷绘等形式制作，安装在公路边等显眼的地方。也可采用墙体广告漆，喷涂在建筑物墙上或石壁上，材料要考虑耐久性。

3. 标语的内容

防御山洪以防为主，防治结合

防御山洪安居乐业

防御山洪灾害保障生命安全

防御山洪灾害促进经济发展

防御山洪灾害构建和谐社会

防御山洪灾害构建平安某某城市

防御山洪灾害是全面实现小康的重要保障

加强山洪灾害预警系统 提高山洪灾害防御能力

天灾无情人有情，群策群力防山洪

普及防汛知识，增强抗灾自救能力

普及山洪防御知识，增强抗灾自救能力

手牵手积极防灾避灾，心连心构建和谐家园

提高防御意识做好山洪防御

提高警惕防御山洪

预防山洪灾害构建和谐社会
增强山洪灾害防御意识 保障人民生命财产安全
增强水患意识 防御山洪灾害
增强水患意识 全民防御山洪
珍爱生命防御山洪
珍爱生命预防山洪
以人为本防御山洪，珍爱生命群测群防
以人为本防御山洪，珍爱生命常抓不懈
认识山洪，防御山洪
洪水无情人有情，众志成城防山洪
洪灾无情人有情，群策群力防山洪
提高全民山洪防御意识是做好山洪防御工作的前提
依法防洪科学防洪全民防洪
依法防汛全民防汛科学防汛
以人为本，防御山洪常抓不懈 珍爱生命
以人为本，安全第一规范管理 科学决策
以人为本，防御山洪
以人为本，防御山洪群测群防 众志成城
防御山洪以防为主，防治结合
警钟长鸣，防御山洪常防不疏 珍爱生命
认识山洪，增强防御能力
村民联保筑长城，群测群防御山洪
防御山洪灾害保障安居乐业

（七）宣传挂图（海报）

宣传挂图分两类，一类是面向群众的的专题挂图，在县城、乡（镇）、村庄显眼的地方张贴。用以提高群众防御山洪、及时避灾的意识以及了解、熟记基本的预警信号。另一类是防御工作职责、工作流程图等挂图，挂在各级防御机构的办公室内，以便防御工作人员熟记、掌握（图 6－8、图 6－9）。

图 6－8（一）　湖南省山洪灾害防治宣传挂图（一式四份汤喜春提供）

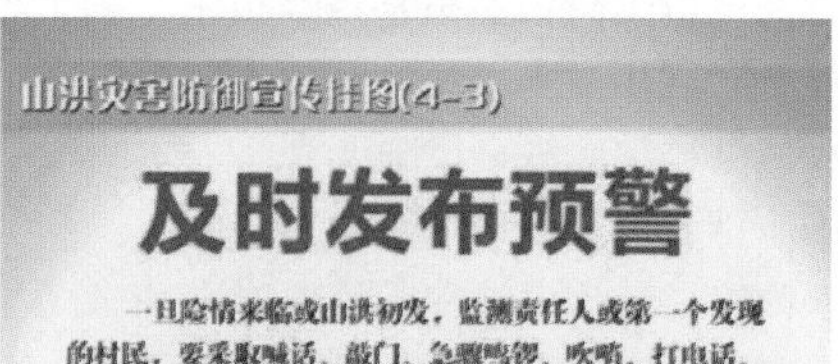

图 6-8（二）　湖南省山洪灾害防治宣传挂图（一式四份汤喜春提供）

乡防汛预警信息处理办法

一、在收到县防汛办的信息后，处理办法：3级预警：将信息通知至乡防指领导及成员单位领导。2级预警：将信息通知至村组领导及信息员，加大防汛值班和密切注意气象变化。1级预警：将信息通知到村、组、农户、启动预案，各责任人到岗到位，下到各村组，做好群众转移安置工作。

二、与县信息中断后，处理办法：乡（镇）根据当地的降雨情况，自行启动预案，并设法从相邻乡村与县防汛抗旱指挥部联系。

三、与村组信息中断后，处理办法：各责任人直接下到村组，组织指挥躲灾、避灾、救灾。

防汛纪律

汛期，在山洪灾害防御工作中必须严格执行“八个一律”的防汛纪律：

一、山洪灾害防御常识宣传一律到户，到人。

二、暴雨天气，山洪灾害重点防洪区居民一律日不入户、夜不入睡。

三、乡镇党政主要领导和防汛办及驻村干部不经批准，一律不准请假外出。

四、防汛办一律实行24小时值班，电话24小时畅通。

五、各村一律落实山洪防御和水库应急预案。

六、山洪灾害重点防范区村，一律落实山洪防御、水库避灾演练。

七、有险情的塘堰、水库一律控制蓄水，一天一巡坝，雨天24小时巡坝。

八、工作失职、渎职、脱岗离岗、不听指挥者一律先免后查。

图 6-9（一）　防御工作职责、工作流程挂图（杨文涛提供）

防汛指挥机构职责

一、贯彻执行国家有关防汛工作的方针、政策、法律和法规。为深入改革开放，实现国民经济持续稳定、协调发展，做好防汛安全工作。

二、指定和组织实施各种防御洪水方案。

三、掌握汛期雨情、水情和气象形势，及时了解将于地区的暴雨强度、洪水流量、河流、闸坝、水库水位，长短期水情和气象分析预报，必要时发布暴雨洪水预报、预警和汛情公报。

四、汛期组织检查防汛准备工作。

五、负责有关防汛物质的储备、管理和防汛资金的计划管理。

六、负责统计掌握洪涝灾害情况。

七、负责组织防汛抢险队伍，调配抢险劳力和技术力量。

八、督促储滞洪区安全建设和应急撤离转移准备工作。

九、组织防汛通信和报警系统的建设管理。

十、组织汛后检查。

十一、开展防汛宣传教育和组织培训，推广先进的防汛抢险科学技术。

防汛值班制度

一、汛期（5月15日至9月30日），防汛抗旱办公室实行昼夜值班，值班室24小时不离人。

二、值班人员必须坚守岗位，忠于职守，熟悉业务，及时处理日常事务。要严格执行领导带班制度，汛情紧急时，乡领导要亲自值班。

三、积极主动抓好情况搜集和整理，认真做好值班记录，并随时登记处理结果。

四、重要情况及时逐级报告，要做到不误报、漏报，并随时登记处理结果。

五、凡上级防指领导的指示及重要会议精神的贯彻落实情况，在规定时间内按要求上报，不得推诿和拖延。

六、按要求认真组织完成上级和有关领导交办的各项任务。

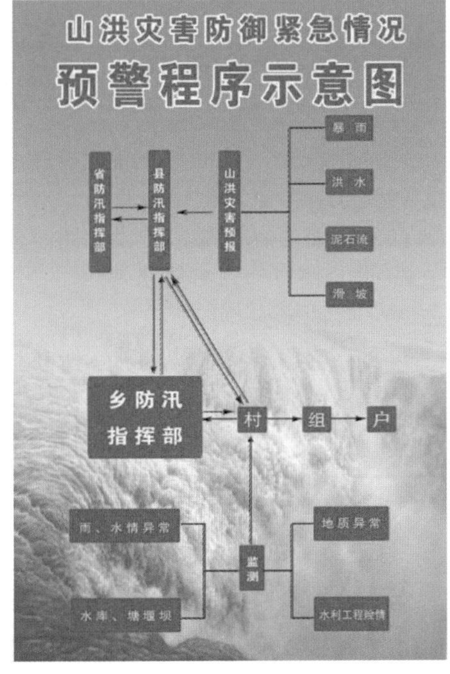

图6-9（二）　防御工作职责、工作流程挂图（杨文涛提供）

（八）新媒体（微信、微博）

微信、微博等新媒体具有传播速度快、形式活泼的特点。湖南、北京、广东等省（直辖市）利用微信等媒体，建立公众号，面向广大公众及时宣传山洪灾害防御常识。目前湖南防汛抗旱公众号关注数已达 3 万余人、北京市防汛抗旱公众号也达 1 万多人，宣传效果良好。

（九）其他宣传材料

除了上述基本的宣传资料和宣传方式之外，有条件的地方还可以设计制作内容丰富、图文并茂的其他形式的宣传材料，以展开多样式、多角度的宣传活动。

其他宣传材料的样式如图 6－10 所示。

五、山洪灾害防御标识标牌制作

（一）山洪灾害警示牌

在山洪灾害危险区制作警示牌，公布当地山洪灾害的危险区、安全区及转移方案（包括人口范围、转移路线、应急避险点、责任人等），让危险区内群众知晓危险区的具体位置和相应的转移路线、应急避险点，了解山洪发生时各种预警信号发送形式，起到警示作用。

1. 一般要求

（1）整体造型简洁、大方、美观。

（2）结构坚固，不易变形。

（3）材料经久耐用，不易锈蚀。

（4）安装牢靠，位置显眼。

（5）版面内容清晰，一目了然，便于群众浏览与理解。

2. 警示牌版面内容要求

警示牌的版面应标明以下内容：

（1）标明山洪灾害区名称，所在行政村以及所属小流域。

（2）标明应急避险点名称、位置及转移路线。

（3）明确预警转移信号，包括准备转移和立即转移信号。

（4）标绘危险区、应急避险点及转移路线示意图。

（5）明确转移责任人及转移原则。

（6）标明县、乡（镇）防汛机构及值班电话。

（7）落款为县（市、区）防汛抗旱指挥部。

山洪灾害危险区警示牌样式如图 6－11 所示。

（二）山洪灾害应急避险点标识

在应急避险点要设置标示牌（图 6－12），告知居民，在山洪灾害来临时，

(a) 纸杯

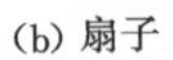

(b) 扇子

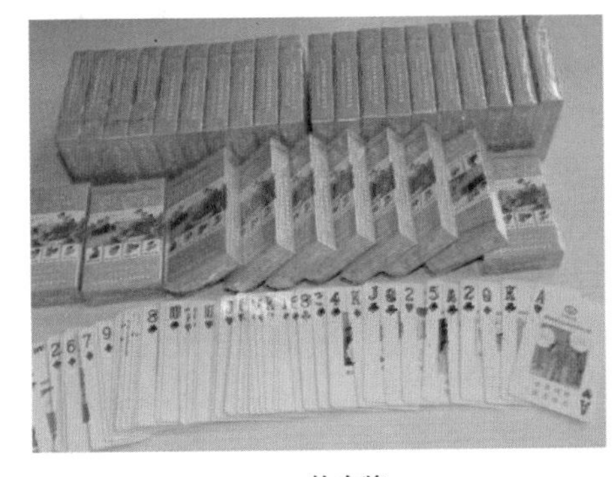

(c) 扑克牌

(d) 雨伞

(e) 中巴车广告

图 6－10　多种多样宣传样式（杨文涛摄）

要在第一时间转移到此区域，保证人民生命财产安全。

（三）山洪灾害转移路线指示牌（图 6－13）

在山洪灾害即将来临时，为让群众及时躲灾、避灾，减少山洪灾害损失，需在转移路线中转弯和岔路口上，设置指示牌，让居民熟悉转移路线，以及时沿路线转移。指示牌分为挂式和立柱式两种。

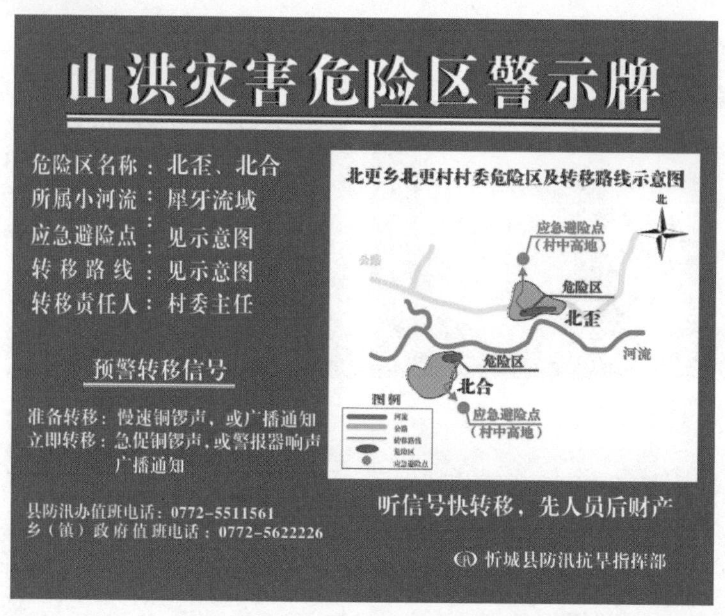

图 6-11　山洪灾害危险区警示牌样式（梁学文提供）

图 6-12　山洪灾害避险点标识牌（杨文涛摄）

图 6-13　山洪灾害避险点标识牌（杨文涛摄）

（四）山洪灾害设施设备操作说明卡（图 6-14）

在简易雨量报警器、无线预警广播等设施设备显著位置张贴操作说明卡。操作说明卡应写明设备操作流程和方法、各提示信号代表意义、注意事项、日常维护方法等。

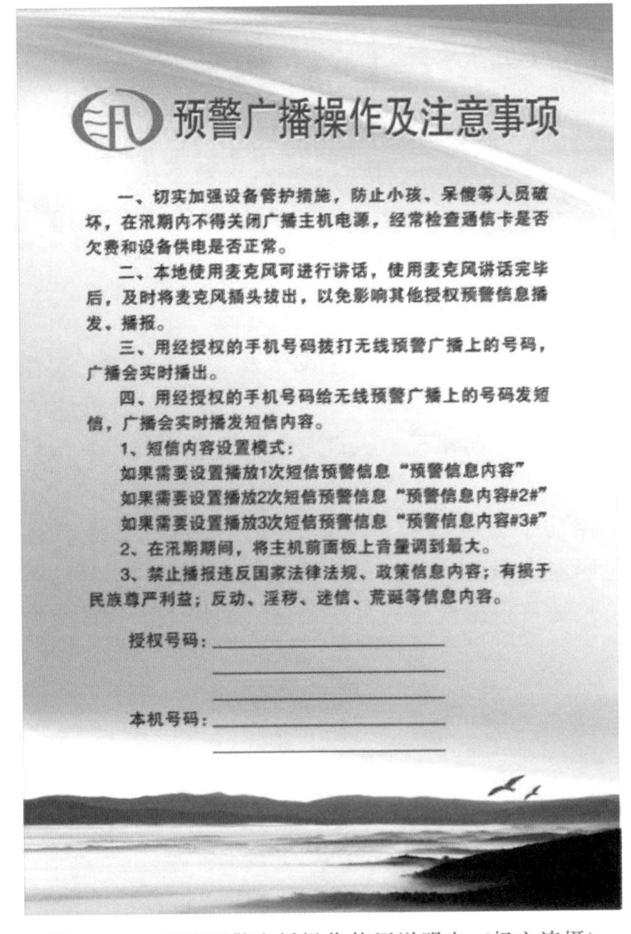

图 6-14 无线预警广播操作使用说明卡（杨文涛摄）

（五）山洪灾害特征水位及洪痕标识

在危险区临河或跨河建筑物醒目处，应布设特征水位标识（图 6-15）。特征水位包括历史最高洪水位、危险水位、警戒水位。经洪水调查，在沿河两侧显眼、牢固的地方绘制洪痕标识。特征水位及洪痕标识可采用直接喷涂形式，喷涂在河道岸边的永久建筑物或平整的岩石上，也可采用 PVC 板制作。

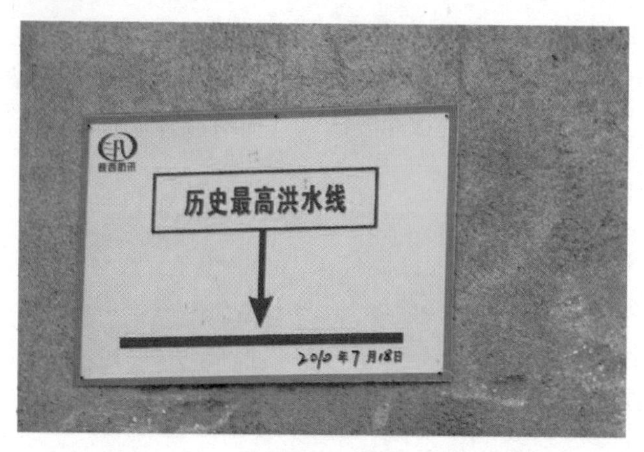

图 6-15　山洪特征水位标识（万广荣摄）

（六）山洪灾害设施设备安全警示标识

在户外、户内的山洪灾害监测预警设施设备适当位置，制作防盗、防破坏等设施设备安全警示标识。设施设备标识内容应采用简短性的警示文字，如“防汛设施，严禁破坏”“防汛设施，严禁偷盗”等字样，有效保护山洪灾害监测预警设备。

警示标识采用防水防潮材料，不易破坏或脱色；要易于制作，且造价低廉。标识版面色彩对比强烈，以红色为主色调，以起到明显的警示作用。标识牌以圆形为主，尺寸可根据设备的大小调整，采用不干胶镂空喷漆，现场直接喷刷在设备上。

链接 1：湖南省麻阳县全国防灾减灾日山洪灾害知识宣传效果好

“宣传资料图文并茂，通俗易懂，老人小孩都看得懂，我们都很喜欢看。”高村镇兰家社区的李大妈看完资料后欣喜地告诉现场的工作人员。

“给我多拿几套，不仅要让家人多了解一些山洪灾害防御知识，我还想把这些画册张贴到住所附近的公共过道和宣传栏上，让更多的人了解这方面的知识。”和平溪乡大溪村黄建德告诉现场工作人员。

湖南省麻阳县水利局在第七个全国防灾减灾日进行的山洪灾害宣传，在社会上引起了不错的反响和宣传效果。

麻阳县地处怀化市西北部，属东源武陵山脉的梵净山延伸部分，是以板页岩、紫色砂岩和石灰岩母质、江红土母质为主的丘陵地区，在每年5—7月暴雨的作用下，极易诱发山体滑坡、泥石流、崩塌等山洪地质灾害，是湖南省山洪地质灾害防御重点县。

县水利局在该县应急办的组织和领导下，以第七个全国防灾减灾日为契机，充分利用当地赶集日组织防汛办、电力安全股、办公室和水政大队等股室在县城主干道进行以山洪灾害防御知识为主的水法宣传，旨在让公众了解和掌握更多的山洪灾害基本常识和防御知识，切实提高群众防灾、减灾、躲灾和避灾技能和水平。

在活动现场，前来咨询市民络绎不绝，并纷纷向现场工作人员索取山洪灾害防御和依法治水宣传手册和图册。在场的工作人员一边给市民发放资料，一边耐心细致地向市民宣传知识和解答疑问。此次宣传共悬挂宣传横幅15幅，书写宣传标语60条，发放宣传资料8000余份，利用山洪灾害预警平台发布短信3250条，现场解答群众疑问750余人次。

资料来源：中国山洪灾害防治网（http://www.qgshzh.com），2015年5月25日

链接2：敖汉旗550块山洪警示牌在易发区“站岗”

“水利局在我们村设立6个山洪警示牌，两年了，像哨兵一样站在那，时时刻刻提醒老百姓不要强行过河……”

6月10日，内蒙古敖汉旗水利局工管站副站长曲玲娟介绍说：“几年来，水利局已在山洪易发区设立了550警示牌，警示群众、学生、车辆时时处处预防山洪，不要强渡抢渡，收到很好的效果。”

敖汉旗是一个山洪易发地区，过去由于群众预防山洪意识淡薄，防范观念不强，经常发生因强渡抢渡山洪造成人员伤亡的事情。为了最大限度地避免、减少山洪给人民群众的生命财产造成损失，敖汉旗水利局每年利用会议、广播、电视、报纸、宣传栏、宣传册、挂图、光碟、发放明白卡等方式宣传山洪灾害防御知识，增加广大群众对山洪灾害的了解。

2013年以来，敖汉旗水利局先后筹措资金30万元，制作写着“增强山洪灾害防御意识、保障人民生命财产安全”“山洪危险不要强渡抢渡山洪”的警示牌550个，下发到乡镇水管站，乡镇水管站根据本乡镇实际，竖立在河流、河道、山洪沟、学校的道路旁，像“哨兵”一样，提醒着人们警惕山洪的危害。同时还制作宣传牌380块，发放到村，让群众家喻户晓防范山洪，并在旗电视台新闻节目前加播预防山洪公益广告，配合山洪

预防教育。

新惠镇新地村党支部书记岳国余介绍："立山洪警示牌特别管用，群众在潜移默化中就接受了教育，提高了防范意识。"

资料来源：内蒙古赤峰市政府网（http://www.chifeng.gov.cn），2015年6月29日

链接3：国内首部山洪灾害防御主题电影《山水乡情》在郑州发布

2016年7月，国内首部山洪灾害防御主题电影《山水乡情》在郑州发布，这部电影由河南省水利厅指导，栾川县水利局和河南维克慕威文化传播有限公司联合出品。电影风格为轻喜剧加科普，电影语言为河南话。电影的拍摄制作均按照行业最高标准进行，已与观众见面。

《山水乡情》讲述了驻村干部许德安带领刘家洼群众脱贫致富的故事。故事梗概：许德安进驻刘家洼，通过实地调研考察，发现了刘家洼长期难以致富的根本原因——村民对于山洪灾害认知不够，特别是前些年经历过山洪灾害后对致富缺乏信心。因此做好山洪灾害防御就成了许德安工作重点，同时由于少数人不理解和几位性格色彩鲜明的人物参与，整部电影小事件、小矛盾冲突不断，妙趣横生。

据悉，《山水乡情》除了正常的投放渠道外，还将计划在河南省数十个山洪灾害易发县，逐县做大范围公映和宣传推广。

河南影视集团产业发展中心项目总监朱利鑫表示：《山水乡情》作为国内首部山洪灾害防御电影，特殊性独一无二。影片用观众喜欢喜闻乐见的方式讲述了科学正确的山洪灾害防御手段和措施，这样的公益电影应该更多一些。著名表演艺术家任宏恩先生也表示，他将积极参与到这样具备正能量的公益电影中，也有信心演好戏中的角色，为国内首部山洪灾害防御主题电影《山水乡情》的宣传工作贡献力量。

资料来源：中国山洪灾害防治网（http://www.qgshzh.com），2015年7月25日

第二节 培　　训

群测群防工作中的培训可分为两大类：一是基层山洪灾害防御责任人培训，即对各级防御工作责任人和工作人员开展山洪灾害防御常识、业务能力和监测预警技术应用的培训；二是山洪灾害防御常识培训，即对山丘区的干部群众开展山洪灾害基本常识和危害性、避险自救技能等培训。

一、培训的任务与目标

（一）基层防御责任人培训

对县、乡、村各级防御机构负责人和工作人员进行山洪灾害防御工作培训，主要包括：山洪灾害基础知识及防御常识；山洪灾害防御体系详解；县、乡（镇）和村各级山洪灾害防御预案；监测预警设施使用操作；监测预警流程；人员转移组织；山洪灾害防御宣传、培训、演练工作内容及方法等。

通过培训，全面提高广大基层工作人员山洪灾害防御工作能力，掌握山洪灾害防御日常工作内容和正确防灾避灾方法，使山洪灾害防御工作落到实处，充分发挥防治措施的作用和防御机构的职能。

（二）山丘区群众培训

对山丘区的村民、抢险队员和企事业单位的员工、学生开展山洪灾害基本常识培训，主要包括：山洪灾害基础知识及防御常识；水雨情信息的获取；预警信号传递；避险转移及抢险、自救、互助的技能等。

通过加强培训，使得住在山丘区的干部群众能充分了解山洪灾害的特性，掌握水雨情和工程险情的简易监测方法，熟悉预警信号及其发送和传递方式以及避险转移路线等，提高群众的防御避险意识和自救能力；使基层防御机构抢险队员能熟练掌握应急抢险救助的技能。

二、培训的组织与要求

（一）组织实施方式

（1）基层防御责任人培训主要由县级防御机构组织实施，县、乡（镇）和村级防御机构负责人和主要工作人员，县、乡（镇）主要成员单位负责人参加，以集中举办培训班的方式开展培训。省级防御机构负责制定培训教材的统一标准，各县统一采购或按标准印制。培训教师可邀请省、市的专家以及监测预警设施建设单位的技术主管等。

（2）山区群众培训主要由乡（镇）、村级防御机构或者企事业单位负责组织实施，采取会议的方式或者结合乡（镇）、村级的宣传和演练活动统筹安排举行，可相对分散、灵活实效地加强培训工作。培训教材采用基层防御责任人培训时分发的材料，或者根据实际需要另行定制、复印。培训教师可由各级防御机构责任人或主要工作人员担当。

（二）培训工作要求

（1）市、县山洪灾害防御机构加强组织领导，落实培训相关人员，协调各成员单位和项目实施单位，组织好基层防御责任人培训工作。宜由县政府发文通知各成员单位、各乡（镇）、村的责任人及主要工作人员参加培训。

（2）监测预警系统建设单位应提供齐全的使用说明、技术手册、操作流程等，协助管理单位建立相应的运行维护规章制度，并协助做好培训工作。

（3）乡（镇）和村级防御机构要加强本辖区内的防御常识培训，培训对象应包括监测预警员、受山洪威胁的村民、企事业单位的员工和学生以及应急抢险队员等。

（4）县级山洪灾害防御机构负责落实培训经费，保证资金到位。

（5）基层防御责任人培训和防御常识培训每年至少各举办1次，每次培训应做好文字、照相等多媒体记录和签到记录，以存档、备案。

（6）各级防汛指挥机构加强监督检查，定期到场参加和检查辖区内培训情况，并建立相关考核制度。

三、基层山洪灾害防御责任人培训

（一）培训课程内容

培训的课程主要有以下内容，培训时可根据实际情况同时或分场次进行讲授。

（1）观看山洪灾害防御宣传专题片。

（2）山洪灾害基础知识学习。由培训教师讲解山洪灾害的定义、特性、防治、应急避险等基础知识以及日常工作生活中如何注意规避山洪灾害的威胁。

（3）山洪灾害防御体系详解。讲述各级山洪灾害防御机构的组成和职责分工。

（4）各级防御预案讲解。讲解各级山洪灾害防御预案的编制及其操作，包括应急响应、转移避险、抢险救灾、灾后重建等。

（5）预警平台软件操作说明。由专业技术人员讲解预警平台软件的操作与使用，使各负责人均能熟练登录、操作软件。

（6）县级山洪灾害监测系统和预警系统设备运行与维护。通过对山洪灾害监测预警系统硬件设备运行与维护进行专业培训，使系统管理和应用人员全面掌握设备的使用方法和日常维护的技能，确保系统正常运行、预警信息能及时发布，充分发挥各系统的功能。

（7）简易监测预警设施的使用与维护。主要包括简易雨量报警器、简易水位站或报警器、预警广播的使用与维护，使村级监测员和预警员明确职责，能熟练使用以及精心管护。

（8）县、乡（镇）和村各级防御工作流程和要求。详细讲解各防御机构责任人的工作内容、工作流程等，强调各项防汛规章制度和防汛纪律。

（9）山洪灾害防御宣传、培训、演练工作内容及方法。指导各级防御责任机构如何开展山洪灾害宣传、培训和演练工作，包括宣传材料制作分发、宣传活动开展，培训演练的内容与流程等。

（10）典型山洪灾害防御演练观摩。培训时应尽可能安排一场典型的山洪灾害应急演练，组织培训人员在培训的最后到现场观摩演练，让大家切身体会到演练的流程、方法与氛围，以便于乡（镇）和村级防御机构更好地开展本级演练工作。

（二）培训人员

根据基层山洪灾害防御责任人培训要求和实际情况，参加培训的人员可按以下原则进行安排：

（1）县防汛指挥部领导及工作人员2～3人。

（2）指挥部各成员单位负责人，每个单位1人。

（3）乡（镇）山洪灾害防御指挥部责任人及主要工作人员，每个乡（镇）2～3人。

（4）村级山洪灾害防御工作组负责人、监测员和预警员，每个行政村2～3人。

（三）培训组织方式

采用集中培训的方式进行（图6-16），由县山洪灾害防御机构组织，组成会务组，负责会务工作，落实培训教材和培训老师。县级防汛指挥机构负责通知各参加培训的单位和人员。县级防指主要领导出席并致辞。

（四）培训教材及教师

1. 培训教材

培训教材需根据本区域山洪防治项目的实际情况和技术水平发展，适时做相应的更新。培训会上分发的材料主要有以下几种：

（1）培训会务指南。由会务组编印，写明会务日程安排、培训内容、主讲人、演练观摩地点路线和车辆安排等。

图 6-16　河南荥阳市山洪灾害防御责任人培训（杨文涛摄，2014）

（2）山洪灾害防御培训手册。培训手册为培训会的主要教材，也可采用正式出版的知识手册或工作指南等书籍。

（3）山洪灾害宣传材料。在培训材料中加入省级统一印制的宣传画册、明白卡、传单等，让参会人员进一步掌握山洪灾害的防御知识，并在宣传工作的培训环节了解这些宣传材料的用途和用法。

（4）山洪灾害防御预案范本。培训会上印发县、乡（镇）、村三级防御预案的范本，使大家了解预案的编制和具体操作要求。

（5）说明书、操作手册。监测预警系统的运行与维护培训中，需要有相关的说明书、操作手册等培训材料。

（6）相关的讲义。根据培训的内容和具体要求，印发有关的其他的讲义等材料，如山洪灾害防治的管理文件、项目建设进度、相关的防御案例等。

2. 培训教师

各县根据需要，邀请省市级防汛指挥机构、科研院校的领导或专家到会进行授课。

四、山区群众培训

（一）培训课程的内容

山区群众培训的课程主要有以下内容。

1. 观看山洪灾害防御宣传专题片

使群众对山洪灾害的特性、危害及其防御方法有着感性和初步认识。

2. 山洪灾害基础知识学习

由培训教师讲解山洪灾害的定义，山洪灾害的成因、特性，山洪灾害对人类的危害以及本区域山洪灾害的特点等。

3. 山洪灾害的防御

详细讲解山洪灾害的监测预警常识，应急转移，抢险救灾，互助自救等防御常识。

4. 日常生活注意事项

培训在生活、工作、学习、建房、旅游等日常活动中，山丘区群众应了解的注意事项和采取的防范措施，以最大限度地避免或减少山洪带来的人员和财产的损失。

（二）培训的组织方式

山丘区村民、工作人员、应急抢险队员等干部群众的培训由乡（镇）或村级防御机构组织，也可结合乡（镇）或村级的宣传和演练一起统筹安排。

（三）培训人员

参加山洪灾害防御常识培训的人员主要有：乡（镇）、村级防御机构工作人员、应急抢险队员等（图6－17）；危险区居民、村民；企事业单位人员等。

图6－17　河南省新县村级山洪灾害防御常识培训
（杨文涛摄，2014）

（四）培训教材及教师

1. 培训教材

山洪灾害防御常识培训可参照使用基层防御责任人培训所用的教材，包括山洪灾害防御宣传专题片、山洪灾害防御培训手册、山洪灾害宣传材料等。

2. 培训教师

可由各级防御机构责任人或主要工作人员担当，也可到科研院校等关部门邀请专家来授课。

链接1：五台县举行简易监测预警设备培训班

2016年5月，山西五台县举行简易监测预警设备培训班，五台县水利部门、19个乡镇共计211人参加了培训。

五台县历史上就是山洪引发灾情严重的重点县，山区群众深受其害。因此，加强山洪灾害监测预警工作，搞好灾害防治，事关人民群众生命财产安全和社会稳定。2013年以来，国家对五台县投资建设安装227个山洪灾害监测设备，149套预警预报设备，为准确检测预报山洪灾害提供了技术保障。但在实际运行中，由于基层预警人员对设备和监测操作还不够了解，影响设备的正常运行和监测的准确性。

此次培训重点对监测预警设备运行维护知识、山洪防御基本常识和避险措施，进行了专业、详细的讲解和户外现场操作演示。通过这次培训，大家对监测预警预报设备运行状况和存在的问题有了一个准确地了解，熟悉掌握了山洪预警预报设备的使用和预警预报各个环节的具体操作过程。培训受到了全体参会人员的一致好评，大家纷纷表示回去后一定认真履职，积极维护好各自的监测设备，准确及时地发送预警预报信息，真正发挥好山洪灾害预警预报员的作用，为保障全县人民群众免受山洪灾害带来生命财产损失做出自己的贡献。

资料来源：中国山洪灾害防治网（http://www.qgshzh.com），2016年6月9日

链接2：北流市“山洪灾害防御培训演练”进校园活动

2016年6月，广西北流市防汛抗旱指挥部在新荣、民安、山围、新圩以及隆盛等镇的乡村小学开展了“山洪灾害防御和小学生溺水预防宣传培训演练”活动。各小学的全体师生、部分学生家长、防汛办干部、当地

镇领导以及市水利局领导参加了培训和演练。

此次培训和演练内容涵盖山洪防御基本知识、防溺水知识、预警发布、应急抢救、人员转移撤离等。专业人员先对山洪防御和防溺水知识进行生动的讲解，随后在场的师生以及家长代表现场模拟溺水急救。培训结束后，进行了学生转移撤离的演练，现学现用的方式能让师生更好地掌握山洪防御知识。

通过培训和演练，让全体师生认识到防御山洪灾害和溺水的重要性，进一步提高了对山洪灾害的认识和理解，有效地提高了自救能力。此次的山洪灾害防御培训和演练活动仍将继续在北流市其他镇的乡村小学开展，进一步扩大山洪灾害防御的宣传面。

资料来源：中国山洪灾害防治网（http://www.qgshzh.com），2016年6月15日

第三节　演　　练

一、乡（镇）级山洪灾害演练

（一）演练目的

山洪灾害演练旨在提高乡（镇）防御指挥部的工作能力，提高人民群众遇到山洪灾害时的自救能力和逃生能力，检验乡（镇）山洪灾害应急预案和措施的可行性，锻炼乡（镇）防汛应急抢险队伍、各响应部门的应急能力。

（二）演练任务

（1）坚持以人为本，演练以紧急转移受山洪威胁群众为主要任务。

（2）依据乡（镇）山洪灾害防御预案，模拟在强降雨引发山洪的情况下，乡（镇）属各部门、村、组迅速做出响应，协同完成监测、预警、转移、临时避险等工作。

（3）组织应急抢险队搜救没能及时撤离的群众，医疗卫生部门及时救治受伤人员。

（4）组织防疫部门检查、监测灾区的饮用水源、食品等，进行消毒处理，防止和控制传染病的暴发流行等。

（5）对参演村民开展培训和宣传，分发宣传材料。

（三）演练的地点和时间

演练可安排在本乡（镇）内受山洪威胁较严重的村进行，具体地点选在村

委广场或其他开阔场地，以便于操练和观摩。演练时间约半天，可与培训和宣传一起统筹安排。

（四）指挥机构及职责

参加演练的单位有县级防御指挥机构、乡（镇）政府、乡（镇）属各部门：水利站、国土资源所、农业服务中心、派出所、卫生院、民政办、林业站、村党支部、村委等。典型演练应有县政府相关部门和领导参加。

演练指挥机构原则上以既定的乡（镇）山洪灾害防御机构为准，并在此基础上加入参演的县级和村级的领导和工作人员，由指挥长及下设的5个工作组1个抢险队组成。

1. 指挥长

指挥长由乡（镇）长担任，负责乡（镇）演练的具体指挥和调度。

典型演练还可设总指挥长和副总指挥长，由分管副县长担任总指挥长，县水利（水务）、国土、气象、民政等部门领导担任副总指挥长。总指挥长负责演练全盘指挥工作，检查督促山洪灾害防御预案及各级职责的落实，并根据山洪预警汛情的需要，行使指挥调度、发布命令，调集抢险物资器材和全乡总动员等指挥权。副总指挥长负责山洪灾害危险区、警戒区的监测和洪灾抢险，随时掌握雨情、水情、灾情、险情动态，落实指挥长发布的防御抢险命令，指挥群众安全转移，避灾躲灾，并负责灾前灾后各种应急抢险、工程设施修复等工作。

2. 监测组

监测组成员有乡（镇）政府的水利站、国土部门人员和村级监测员等。负责监测辖区雨量遥测站、气象站等站点的雨量，水利工程、危险区及溪沟水位，泥石流沟、滑坡点的位移等信息。

3. 信息组

信息组成员有乡（镇）政府的水利站、移动、电信、广电等部门人员。负责收集和传递县防指、气象、水文、地质等部门汛前各种信息；掌握本乡区域内各村组巡察信号员反馈的山体开裂、滑坡、溃坝、决堤等迹象和暴雨洪水预警预报及险情灾情动态，为指挥长决策指挥提供依据；联系乡村组巡察信号员迅速将信息、命令、预警信号传递到转移组各成员和组长；安装并调试好预警广播及警报装置。

4. 转移组

组长由政府的副乡（镇）长等相关领导担任，演练中也可由村委支书、村长担任，成员有乡和村的其他干部、农业服务中心人员以及村级预警员。负责按照演练指挥部的命令，敲响铜锣和摇响报警器等，并带领抢险队员，一个不漏地动员到户到人，组织群众按预定的安全转移路线有序转移避险。转移时，按先人员后财产，先转移老、弱、病、残、少儿、妇女，后转移一般人员的原则进行，同时确保转移后群众财产的安全。

5. 调度组

组长一般由乡（镇）政府办公室主任担任，成员有乡（镇）政府的民政部门领导和干部。负责抢险救灾人员的调配，调度并管理抢险救灾物资、车辆等，负责善后补偿与处理等，所需防汛抢险物资购买、调度、发放和布置，确保防汛抢险有序进行。

6. 保障组

组长一般由乡（镇）政府的卫生院领导担任，成员有乡（镇）政府的派出所、电力等部门人员，演练中应指定现场医疗救护和防疫的人员。负责抢救受伤群众，保障群众的生命安全，做好受灾区域卫生消毒工作。保证通信设施、照明和电力设施的正常运行。

7. 应急抢险队

队长由乡（镇）政府武装部长担任，成员以民兵为主，共约20人。负责宣传、动员、群众按要求转移；帮助老弱病残人员安全转移，抢救受伤人员；搜救危险区内未能及时撤离的村民等。在演练中还负责安全转移过程中交通秩序，在各转移路线实行道路清障，维护社会治安，确保演练有序进行。

（五）演练纪律

（1）服从命令，听从指挥。

（2）坚守岗位，任何人员未经批准不得离岗。

（3）各部门必须各司其职，加强配合。

（六）演练准备工作

1. 参演人员着装

（1）医疗救护人员和防疫人员统一服装。

（2）公安干警统一穿制式警服。

（3）指挥部成员及应急抢险队员统一穿军用作训迷彩服、军用作训鞋，应急抢险队员还需穿防汛救生衣。

（4）演练指挥部总指挥长、正副指挥长统一佩戴相应指挥袖标，各组组长戴相应组长袖标。

2. 演练现场布置

（1）在场地的一边布设临时指挥部，放入桌椅，拉上“某乡山洪灾害防御应急演练指挥部”的横幅，再设置好音响和话筒，即可组建成一个临时指挥部。

（2）在应急避险点内布置两顶救灾帐篷，用于避险危险区转移人员和紧急救护受伤人员。

（3）如果有参加培训的人员或者其他乡（镇）相关人员到场观摩，在临时指挥附近空地设置观摩区，观摩区布置适当数量的遮阳伞和座椅。

（4）演练前检查危险区、应急避险点、转移路线等山洪灾害防御标识是否齐全，如有缺失应补充完善。另行制作“观摩区”“避险区”“临时医疗点”标牌，标识现场的各个分区。

（5）悬挂张贴山洪灾害标语和海报、挂图等。

3. 必要的设施设备

（1）准备好铜锣、手摇报警器等预警设备，交由预警员负责，并明确预警信号。

（2）准备禁止通行的标牌、锥筒以及封锁胶带等，以便于维持现场秩序和在演练中封锁进入危险区的道路。

（3）准备好救护车以及担架、急救箱等紧急救护器材。

（4）准备防疫喷雾器、饮用水消毒等工具、器材。

（5）准备本区域的地图或水系图，供指挥部临时会商用。

（6）准备好袖标，“总指挥长”“指挥长”“监测组长”“信息组长”“转移组长”“调度组长”“保障组长”“抢险队长”各1个，“副指挥长”4个。

（7）准备若干宣传材料，宣传画册、传单、明白卡等。

4. 人员就位

（1）5个工作组和应急抢险队的全体成员在指挥部前列队待命。

（2）派出所民警或交通警察到位维持现场秩序。

（3）危险区内的村民群众在各自家中等待，听预警信号行动。指定安排好“伤员”和需要抢险队员搜救的未及时撤离的“受困人员”。

（4）摄影、摄像和解说员就位。

（七）演练流程

（1）在正式演练前一天可适当组织预演，让参演人员熟悉演练过程，避免忙中出乱。

（2）提前布置好现场，演练前参演人员、观摩人员按时有序进入预定位置。

（3）总指挥长致辞，阐明演练的重要性和提出相关要求，并宣布演练开始。

（4）按事先准备好的脚本进行演练。典型演练过程中安排解说员，对整个演练过程进行解说，使演练流程更清晰，内容更丰富，更具观摩性。演练脚本可根据当地的实际情况和演练要求来编写，应紧扣乡（镇）的山洪灾害防御预案，本力求切合实际、简练、有序。演练脚本可参照附件C。

（5）演练结束后，充分利用现场条件，对参演的村民进行山洪灾害宣传，讲解山洪灾害防御常识，分发宣传册、传单、明白卡等。

一场演练过程如图 6-18 所示。

(a) 演练动员

(b) 指挥长宣布演练开始

(c) 人员转移

(d) 抢救受伤人员

(e) 防疫消杀

(f) 配合发放宣传材料

图 6-18 陕西省勉县一场演练过程（万广荣摄，2014 年 6 月）

(八) 演练注意事项

(1) 组织较大规模的演练，须报当地政府和有关部门批准。

(2) 演练中以人员的转移避险为主，不应转移财物或携带生活用品和食物。

(3) 演练中注意避免转移年迈的老人，或者身体不适的群众，以免发生意外。

(4) 如果转移路线横跨公路时，演练中要注意来往车辆，必要时应对公路进行临时交通管制。

二、村级山洪灾害演练

村级演练在乡（镇）演练的基础上简化，以应急避险转移为主，包括简易监测预警设备使用、预警信号发送、人员转移等。

演练前后可以开展适当的培训和宣传活动，如演练前组织参加演练的村干部、应急抢险队员、村预警员和监测员以及受威胁村民，开展山洪灾害防御知识培训和演练流程的讲解。演练后，当场进行山洪灾害防御宣传，向群众发放宣传画册、传单等，同时宣讲一些山洪灾害防御常识。

（一）演练目的

村级山洪灾害防御演练旨在提高村级防御工作组的工作能力，检验本村山洪灾害防御预案的可行性，提高村民在遇到山洪时的自救能力和逃生能力。

（二）演练任务

（1）模拟强降雨引发山洪，村防御工作组迅速反应，及时发出预警，组织村民转移到应急避险点，险情过后有序返回。

（2）组织应急抢险队搜救未能及时撤离的村民。

（3）对参演村民开展培训和宣传，分发宣传材料。

（三）演练地点和时间

演练在本村的危险区与应急避险点之间进行，时间约1小时。

（四）演练人员安排

1. 村长

村长或村支书负责本村演练的具体指挥和调度工作，随时掌握雨情、水情、灾情、险情动态，按照山洪灾害防御预案，指挥群众安全转移，避灾躲灾。

2. 监测员

监测员1～2人，负责随时接收和掌握上级发布的水雨情，并通过简易雨量器、水位尺监测当地的实时雨量、水位变化，同时监测附近水利工程的工况和边坡的稳定性等信息。出现险情时，监测员立即向村级负责人、预警员汇报，并协同村防御工作组其他成员一起组织群众转移。

3. 预警员

预警员2～3人，负责在接到上级指令或监测员传递的险情时，立即按预先约定的信号向群众发出预警，负责设法通知到受山洪威胁的每一位村民，并与村防御工作组其他成员一起组织群众转移避险。

4. 应急抢险队

应急抢险队队长1人，队员约20人，负责宣传、动员群众按要求转移避险，帮助老弱病残人员安全转移，搜救受困人员等。

（五）演练准备工作

（1）演练现场悬挂演练主题横幅，设置临时指挥用的桌椅。

（2）演练前检查危险区、应急避险点和转移路线，并完善警示标识标牌。

（3）防御工作组人员统一穿上防汛救生衣。

（4）准备若干宣传材料，如宣传画册、传单、明白卡等。

（5）准备好铜锣、手摇报警器、预警广播等预警设备。

（6）确定需转移的参演村民，并指定一部分村民为演练中未能及时撤离的需要抢险队搜救的“受困人员”。

（7）准备好摄像机和相机。

（六）演练流程

（1）集中村级防御工作组和危险区村民进行演练前培训和动员。

（2）防御工作组各成员按演练部署就位，村民返回家中待命。

（3）按事先准备好的脚本进行演练。演练脚本可参照附件C《村级山洪灾害演练脚本》。

（4）演练结束后，充分利用现场条件，对参演的村民进行山洪灾害宣传，讲解山洪灾害防御常识，分发宣传册、传单、明白卡等。

村级演练如图6-19所示。

图6-19 河南省三门峡市卢氏县汤河乡村级演练（杨文涛摄，2013）

链接1：邵阳开展山洪避灾演练用无人机运送救生圈

4月13日，湖南省邵阳市山洪灾害避灾演习现场会在绥宁县举行。邵阳市领导和市政府、市直属部门及各县县长、分管副县长、水务局长参加了洪灾害避灾演习现场会观摩会。

全市山洪避灾演习现场为长铺子苗族侗族乡田心村，演习模拟背景为4月13日，绥宁县普降大到暴雨，长铺子乡的田心村3h降雨量达240mm，引发了特大山洪灾害。该村5～8组院落后山可能发生山体滑坡，有20户100人受到威胁；脚岩溪水位暴涨，溪口处有8户60人受到洪水冲击。另外，巫水河流域发生了流域性洪水，江口塘电站开闸泄洪，开闸6扇，下泄流量达2100m³/s，巫水河田心村地段水位超过警戒水位，田心村2～4组有80户400人受到洪水威胁，有4人被洪水围困。

由于情况危急，长铺子苗族侗族乡防汛抗旱指挥部立即向县防汛抗旱总指挥部报告情况，县防指（即防汛抗旱指挥部）决定启动Ⅱ级防汛应急预案，要求该乡防指挥发出Ⅱ级汛情预警，紧急通知下游各村安全转移村民；同时要求卫生、民政、电力等有关部门即刻派出应急工作组到一线开展应急抢险工作。

听到警报声后，村组干部立即吹起口哨、敲响铜锣，组织村民按照预定方案撤离到安全地带。转移途中，应急人员发现一名卧床人员，接到救援命令的应急医疗救护队迅速赶到现场，对患者实施紧急处理后送往医院抢救。

县、乡民兵抢险应急分队在逐户清场时，发现4位打牌的村民不愿撤离，强行将他们带离了危险区。随后，又发现12位村民被洪水围困在沙洲上，抢险人员迅速出动4艘冲锋舟前往救援。这时，在河中心点，发现一村民被洪水冲往下游，情况十分危急，指挥部立即派出无人机向河中抛掷救援气垫，然后组织救援人员将其抢救上岸。

由于各部门响应迅速、密切配合，最终成功排除了险情，安全转移人员756人，其中村民656人，成功解救受洪水围困村民12人，落水1人，被困家中1人。通过演练，既考验了防汛指挥机构的决策、调度能力，也检验了县、乡防汛预案和防汛措施的可行性，锻炼了县、乡防汛抢险队伍和民兵应急分队的应急能力，使干部群众提高了防汛安全意识，掌握了遭遇山洪地质灾害时的逃生自救技能。

资料来源：中国山洪灾害防治网（http://www.qgshzh.com），2016年4月20日

链接2：郏县山洪灾害防御演练“真枪实弹”

近日，河南郏县安良镇段沟村突然铜锣鸣响：“洪水来了！洪水来了！老少爷们儿快向学校撤离！”小山村瞬间沸腾起来，村民纷纷跑出家门，在村干部的带领下有序地向学校方向撤离。这是由郏县防汛办和安良镇政府承办的郏县山洪灾害防御演练中的场景。

在“山洪”的威力下，段沟村突然“停电”，部分村民因撤离不及时被困。郏县供电公司组织的电力抢险队冲上前去，在安全隐患处排除故障，确保供电正常。

在危险区，村民王杰娃因“受伤”被困在自家平房顶，他挥舞衣服大声呼救。郏县公安消防大队的消防官兵发现后用云梯将他从房顶安全救下，并背到救治现场。医疗小分队立即检查他的伤势，现场简单处理后，消防战士用担架迅速将他抬到安全地带。

在“滚滚洪水”中，公安民警还在村中搜寻没有撤离的村民，一村民因年纪大了，为守护家中财物不愿撤离，几位民警在劝说无效后，强行将他背往安置点。

郏县水利局救援队发现有一村民被困在村东的胡河东岸，立即用抛绳器抛掷救援绳索，建立一条跨河救援通道，成功将其解救。

在安置点，村民被安置在学校操场上，领取免费发放的矿泉水和方便面等物品。1小时后，防汛演练顺利结束。

资料来源：中国山洪灾害防治网（http://www.qgshzh.com），2016年5月22日

链接3：山西省组织开展乡村防汛大演练

为提高洪涝灾害应对能力，检验基层针对不同洪水威胁的应急处置能力，普及洪水威胁区域群众的避险自救知识，最大限度减轻灾害损失，2013年6月下旬，山西省在全省范围内组织开展乡、村两级防汛大演练。

演练分两个阶段。第一阶段为6月26—28日，以乡镇为单位开展演练。每个乡镇以一个村为样板，并要求未参加演练村庄的支书、村长、农耕队观摩。各地根据自身特点，针对不同洪水威胁，进行防汛演练。地处山丘区的乡镇重点演练预警发布、撤避转移、安置、后勤保障等。地处平原区的乡镇重点演练低洼区、危房等群众的转移安置。第二阶段为6月28—30日，以各行政村为单位开展全面演练。通过演练，让受洪水威胁

地区的群众充分了解避险与自救知识，掌握预警信号、撤避路线、安全区与安置点具体位置，保证洪水来临前能第一时间预警、第一时间转移、第一时间安置。

山西省防指要求各市防指切实加强对乡村演练的组织指导，提出演练指导意见，加强对演练工作宣传报道，组织市、县电视台对重点演练乡村直播或专题播出。各县防指要做好乡村防汛演练方案，落实督导人员，保证演练按要求进行。

此次演练活动全省共有1094个乡镇、17021个村、500多万人次参加了演练，参演乡镇和行政村分别占到全省总数的92%和60%，演练于7月5日全部结束。全省乡、村两级大演练有效提升了县、乡、村、组、户协作配合避险自救能力，锻炼了各单位、各部门、各相关责任人和抢险队伍的快速应急能力，极大提高了群众防洪安全意识和防汛避险能力，为最大限度减少灾害造成的损失、确保全省安全度汛打下了坚实的基础。

资料来源：山西省防汛抗旱指挥部办公室网站（http://www.sxfb.gov.cn），2013年7月1日

附录A 山洪灾害群测群防体系建设指导意见*

一、总体要求

（1）群测群防是山洪灾害防御工作的重要内容，与监测预警系统相辅相成、互为补充，共同发挥作用，形成“群专结合”的山洪灾害防御体系。山洪灾害群测群防体系包括责任制体系、防御预案、监测预警、宣传、培训和演练等内容。

（2）山洪灾害群测群防体系建设范围涉及县、乡（镇）、村，重点为村。山洪灾害防治区内的行政村应按照“十个一”建设群测群防体系：建立1套责任制体系，编制1个防御预案，至少安装1个简易雨量报警器（重点区域适当增加），配置1套预警设备（重点行政村配置1套无线预警广播），制作1个宣传栏，每年组织1次培训、开展1次演练，每个危险区相应确定1处临时避险点、设置1组警示牌，每户发放1张明白卡（含宣传手册）。

二、责任制体系

（1）山洪灾害防御工作按照防汛抗洪工作行政首长负责制，建立县包乡、乡包村、村包组、干部党员包群众的“包保”责任制体系，并与已有的社区管理体系相结合，实现网格化管理。

（2）在有山洪灾害防御任务的县级行政区，由县级防汛抗旱指挥部统一领导和组织山洪灾害防御工作。有山洪灾害防御任务的乡（镇）成立相应的防汛指挥机构。

（3）县级、乡（镇）级防汛指挥机构应根据山洪灾害防御工作的需要，设立信息监测、调度指挥、人员转移、后勤保障和应急抢险等工作组。

（4）有山洪灾害防御任务的行政村成立山洪灾害防御工作组，落实相关人员负责雨量和水位监测、预警发布、人员转移等工作，汛前要重点核实人员变化情况、通信联络方式等。

（5）山洪灾害防治区内的旅游景区、工矿企业等单位均应落实山洪灾害防御责任，并与当地政府、防汛指挥机构保持紧密联系和沟通，确保信息畅通。

三、防御预案

（1）按照《山洪灾害防御预案编制导则》（SL 666—2014）的要求编制县、

---

* 国家防汛抗旱总指挥部2015年3月颁布。

乡（镇）、村山洪灾害防御预案，并根据区域内相关情况变化及时修订。

（2）县级山洪灾害防御预案由县级防汛抗旱指挥部负责组织编制，由县级人民政府批准并及时公布，报上一级防汛指挥机构备案。乡（镇）级、村级山洪灾害防御预案由乡（镇）级人民政府负责组织编制，由乡（镇）级人民政府批准并及时公布，报县级防汛抗旱指挥部备案。县级防汛抗旱指挥部负责乡（镇）级、村级山洪灾害防御预案编制的技术指导和监督管理工作。

（3）县级山洪灾害防御预案包括基本情况、组织机构、人员及职责、监测预警、人员转移、抢险救灾及灾后重建、宣传演练等内容。

（4）乡（镇）级、村级山洪灾害防御预案应简洁明了、便于操作，重点明确防御组织机构、人员及职责、预警信号、危险区范围和人员、转移路线等，附山洪灾害危险区图。

四、监测预警

（1）简易雨量报警器布设在山洪灾害防治区每个乡（镇）、行政村、重点自然村。报警装置须安置在室内，按照山洪灾害防御预案中的预警指标设定报警值。汛期有雨每天至少观测两次，发生较大降雨时应加密观测频次，并填写相应观测记录。日常维护应注意定期清理室外承雨器筒内异物，检查翻斗是否翻转灵活，检查通信状态，及时更换电池，测试各项功能是否正常。

（2）简易水位站布设在山洪灾害防治区沿河村落，根据实际情况可增加自动报警功能。建桩的简易水位站，水尺桩应设置为混凝土或石柱型，埋设深度要保证坚固耐用，地上部分长度要超过历史最高洪水位，并刷上“警戒水位、危险水位、历史最高水位”等特征水位线和标识。不建桩的简易水位站，选择离河边较近的固定建筑物（如桥墩、堤防）或岩石，用防水耐用油漆刷上特征水位线和标识。

（3）配备简易雨量、水位监测设施的村应同时配备锣（号）、手摇报警器、高频口哨、无线预警广播等发布预警信息的设施设备。

（4）放置于野外的监测预警设施设备应有防盗、防破坏的标识，如“防汛设施，严禁偷盗”“防汛设施，严禁破坏”等警示文字，要求警示文字清晰、简洁。

（5）在简易雨量报警器、无线预警广播等设施设备显著位置张贴操作使用说明卡。操作使用说明卡应说明设备操作流程和方法、各提示信号代表意义、日常维护方法等。

（6）预报有暴雨天气时，县、乡（镇）、村应提前组织做好山洪灾害防御的各项准备工作。

（7）当监测雨量或水位值达到预警指标时，预警人员要按照设定的预警信号迅速向预警区域发布预警信息，并组织群众做好转移准备或立即转移。人员转移避险后要避免出现威胁未解除前擅自返回情况发生。

(8) 汛期山洪灾害防治区内的旅游景区和施工工地要采取设立警示牌、发放宣传材料、小区广播等方式，提醒游客和施工人员注意防范山洪，了解转移路线、避险地点，尤其要避免贸然涉水等情况发生。

五、宣传、培训和演练

(1) 在山洪灾害防治区应布设宣传栏、宣传挂图、宣传牌、宣传标语等。宣传栏、宣传挂图布设于乡（镇）政府、村委会等公共活动场所；宣传牌、宣传标语布设于交通要道两侧等醒目处。宣传栏应公布当地山洪灾害防御的组织机构、山洪灾害防御示意图、转移路线、临时避险点等内容；宣传牌、宣传标语应用精练、醒目的文字宣传山洪灾害防御工作；宣传挂图应以图文并茂的方式宣传山洪灾害防御知识，提升群众防灾减灾意识。宣传栏、宣传挂图、宣传牌、宣传标语版面应整齐、统一、规范。各类宣传材料都应有醒目的水利、防汛标识。

(2) 在山洪灾害危险区醒目位置设立标牌标识，如警示牌、转移路线指示、特征水位标识等。警示牌应标明危险区名称、灾害类型、危险区范围、临时避险点、预警转移责任人及联系电话等内容。转移路线指示应标明转移方向、临时避险点名称、责任人、联系电话等。特征水位标识包括历史最高洪水位、某一特定场次洪水位、预警水位等。准备转移、立即转移水位应用不同颜色标注。各类标牌标识应醒目、直观、易见，并考虑满足夜间使用要求。

(3) 在山洪灾害危险区内，应以户为单位发放山洪灾害防御明白卡。明白卡应包括家庭成员信息及联系电话、转移责任人及联系电话、临时避险点、预警信号等。明白卡版面应当简洁、直观，材料应防雨、防晒、防腐蚀。

(4) 在有关培训会议和当地电视台播放山洪灾害防御宣传短片。短片应包含山洪灾害基本常识和危害性、监测预警、避险措施及注意事项等内容。

(5) 鼓励根据当地的实际情况，采用丰富多彩的其他宣传方式（如折扇、日历、歌曲、戏曲、语音广播、公益广告等）宣传山洪灾害防御知识。

(6) 切实加强对中小学生的宣传教育，积极争取将山洪灾害防御和避险自救纳入课外教材中，并通过多种形式加强宣传教育。

(7) 定期举办山丘区干部群众山洪灾害防御常识培训，培训主要内容包括山洪灾害基本常识和危害性、避险自救技能等。

(8) 定期举办基层山洪灾害防御责任人培训，培训主要内容包括山洪灾害防御预案、监测预警设施设备使用操作、监测预警流程、人员转移组织等。

（9）县级每年要组织乡（镇）举办山洪灾害防御综合演练，内容包括监测、预警、人员转移、抢险救灾等。

（10）村级山洪灾害演练以应急避险转移为主，包括简易监测预警设备使用、预警信号发送、人员转移等。

附录B 山洪灾害群测群防典型案例

案例1 湖南省绥宁县“2015·6·18”山洪灾害防御案例

2015年6月18日4时至13时，绥宁县普降暴雨、局地特大暴雨，武阳、唐家坊、河口3个乡镇降雨量超过200mm，其中武阳镇大溪站6小时降雨达252mm，重现期为500年。强降雨导致县内中小河流和山洪沟洪水暴涨，资水支流蓼水河红岩水文站洪峰水位106.6m，相应流量1780m^3/s，超历史实测记录。“6·18”强暴雨山洪造成绥宁县20.5万人受灾，损毁倒塌房屋4100间，水利、交通等基础设施损毁严重，直接经济损失达2.15亿元。在暴雨山洪灾害防御过程中，绥宁县科学应对，充分利用山洪灾害监测预警系统和群测群防体系，向有关乡镇、村组责任人发布预警600多人次，及时转移群众3.6万人，成功解救群众315人，实现人员零伤亡，最大程度减轻了灾害损失。

（一）雨情

绥宁县共建自动雨量站75个（单站覆盖面积39km^2），其中隶属于气象部门有47个、水文部门的17个、通过山洪灾害防治项目资金建设的11个，所有站点信息均已接入位于绥宁县防汛抗旱指挥部办公室的山洪灾害监测预警系统，使得县防指（防汛抗旱指挥部）可全面了解全县实时降雨监测情况。除自动雨量站外，绥宁另建有简易雨量站205个（位于205个行政村或自然村）。6月18日凌晨4时开始，绥宁县出现了明显强降雨天气过程至中午13时止，有武阳、唐家坊、河口、鹅公岭4个乡镇降雨量超过150mm，其中最大降雨量为武阳镇大溪站268.2mm，唐家坊镇曾家湾站214.6mm。

（二）水情

红岩水文站初设于1960年，位于湖南省绥宁县红岩镇红岩村，控制流域面积694km^2，为国家基本水文站，湘西南地区区域代表站，属二类精度站。该站流域植被良好，为闭合流域，干流长度57.6km，洪水陡涨陡落，来势凶猛，最大流速达4.0m/s以上。18日13时38分，红岩水文站洪峰流量为1780m^3/s，超历史最大洪峰流量（1170m^3/s）610m^3/s；洪水水位106.60m，超过历史最高洪水水位（104.08m）2.52m。

（三）预警及响应情况

1. 雨前预警

6月17日晚23时30分，分管副县长按惯例主持了会商会，从当时云图的分析，趋势不明朗。副县长指示县防汛办（全称为防汛指挥部办公室）向县防指领导成员、各乡镇发布预警，同时要求县气象局、县防汛办加强值班，有情况随时报告。

6月17日晚23时40分，雨前会商后，县防汛办向39个县防指领导成员和25个乡镇的党委书记、乡镇长、分管领导、水利员发布了短信预警（防汛预警：根据县防指常设会商单位会商结果，今晚到19日我县有一次范围广、时间长、雨量大的强降雨过程，请各乡镇加强值班值守，密切注视雨水情，做好防范工作）。

2. 雨中预警

6月18日凌晨0时，会商会后，县气象局和防汛办分头值守。18日4时，县气象局和防汛办在分析卫星云图和雷达回波时，认为绥宁县可能有一次较强降雨，双方继续跟踪分析，4时13分，再次会商，发现河口岩坡、唐家坊的曾家湾降雨强度很大，云层移动速度小，回波强度还在加强。防汛办主任将会商结果报告分管副县长。

4时20分，气象局长和分管副县长一起到达防汛办，共同分析研究，准确预判强降雨发展趋势，及时发出预警信号。县防汛办向河口乡进行电话预警。

4时30分至5时，县防汛办又向河口、武阳、红岩、枫木团、唐家坊等乡镇发布预警，并在防汛QQ群中向乡镇坚持值守人员发布预警。

5—7时，由防汛办值班室随时向可能受影响的乡镇发布预警。同时，防汛办工作人员分别向受影响的乡镇领导、水库电站业主、人工雨量站观测人员进行点对点的预警，要求乡镇重点做好群众安全和水库安全工作。

7时14分左右，县防指向武阳、李熙、唐家坊、红岩等乡镇和县教育局发出做好学生上课途中安全，尤其是校车安全的指令。

7时20分，县防汛办向县防指领导成员、所有乡镇发布短信预警："6月18日晨4—7时，我县出现大到大暴雨，目前有武阳（169mm）、唐家坊（131mm）、河口（119mm）3个乡镇出现暴雨，有红岩、枫木团、鹅公、党坪4个乡镇出现暴雨。降雨仍将长时间持续。县防指要求各乡镇加强防范，特别是水库、山塘、山洪灾害易发区的防范值守，确保人员安全。"各乡镇在接到县防指的预警后都在第一时间向各村组、水库、电站、山洪灾害隐患点进行了预警。

县防汛办工作人员分工明确，齐心协力，全面掌握全县情况。防汛办主任负责全盘调控、对雨水情的研判、对重点地段、部位的直接预警调度；防汛办副主任和值班人员接听乡镇来电，报告乡镇信息；另一防汛办副主任主要负责水库的调度和对降雨量达到了50mm以上乡镇挂点县级领导的跟踪调度；防汛办工作人员李某负责对降雨量达到50mm以上的乡镇跟踪预警调度。县防汛办先后直接调度25个乡镇4次，县级领导26人次，38座水库2次，其中对武阳、唐家坊的4座水库进行跟踪调度，对巫水河的2座水电站进行适时开闸泄洪调度5次。

3. 响应

(1) 18日凌晨5时30分，武阳镇大溪自动雨量监测站显示降雨量达到50mm，村支书李德培接到武阳镇预警后，一边通过预警广播播报预警，一边组织村组干部、党员转移群众，8时，大溪自动雨量监测站3小时降雨量达到232.2mm，大溪村及时撤离转移群众共586人，由于撤离转移及时全村没有出现一人伤亡。

(2) 武阳镇政府组织由50多人组成的应急分队紧急组织转移群众。当应急分队来到六王村老园艺场地段时，发现五保户黄启成被围困在波涛汹涌的河水中央时，大家一方面向其喊话，安抚其情绪；另一方面当即向县防办求援，不到40分钟，一支由武警、消防、公安等部门组成的冲锋舟抢险队赶到了现场，最终将老人成功救出。

(3) 收到预警信息后，李熙桥镇所有的乡村两级干部全部进组入户转移群众，该镇金子岭村村长陶华新尽管自家房屋被洪水冲毁，但仍然坚守在转移群众的第一线，组织“红袖章”分队将300名群众转移到安全地带，确保了该村1068名群众零伤亡。在紧急转移群众过程中，正在路上行驶的3辆面包车被湍急的洪水冲出马路，情况非常危急。为此，10多位干部群众自发前往救援，齐心协力将其中2辆车推到了安全地带。由于水急浪高，一名司机连车带人被洪水冲入河中心，司机生命系于一瞬。村民立即找来2根安全绳，一头系在路边的大树上，另一头系在司机的腰身上，众人合力向岸边牵拉，10多分钟后，被困司机成功脱险。

(4) 10时30分，红岩镇税田村二、三组群众被洪水围困和巷子村一匡姓老人被困河中，该镇防汛应急小分队兵分两路，立即前往驰援，安全转移被困群众420多人，成功解救了被困河中的老人。

(5) 红岩镇许多群众出于好奇，在河岸边围观洪水，部分群众甚至等待在河边准备打捞上游飘下来的物品。随着河水暴涨，河边围观群众随时有生命危险发生，见此情景，红岩镇党委书记不顾自身安危立即组织干部到河堤巡堤，劝离围观群众，对于不听劝说的群众，全体干部强行带离围观群众。当他们将400多名围观群众安全转移后，洪水即刻蔓延过河堤。

需要特别说明的是，简易雨量报警器在此次暴雨山洪中发挥了重要作用。2015个简易站中有141站次上报降雨情况，报汛最早的为河口乡水车站（观测员为李锡凤）4时40分向县防办报告3时至4时30分降雨量为46mm，5时前共有7个人工站报汛。河口乡水车站、武阳镇双龙站均分3个时段上报降雨量。各村监测预警员既是防汛的侦察员又是组织群众转移的指挥官，都是一边观测一边组织群众转移。在整个山洪灾害防御过程中，绥宁县充分利用山洪灾害监测预警系统和群测群防体系，向有关乡镇、村组责任人发布预警600多人次，及时转移群众3.6万人，成功解救群众315人，实现人员零伤亡。

点评：绥宁县“2015·6·18”山洪灾害是近年来少有的雨情、水情、灾情、预警及响应信息资料齐全完整，而且防御极其成功的案例。2001年6月19日20时至20日8时绥宁县金屋、水口等乡镇遭受特大暴雨山洪袭击，造成124人死亡。对比两次灾害，暴雨山洪发生日期接近，强降雨均出现在凌晨，但本次暴雨强度更大、洪水水位更高、损毁倒塌房屋更多。本次强降雨6小时降雨强度为500年一遇，上次为300年一遇；蓼水河红岩水文站水位比上次高2.52m，流量大610m^3/s；房屋损毁倒塌数量此次为4100多间，上次为2400多间。绥宁县在部分站点雨情、水情均超历史记录的情况下，充分利用山洪灾害监测预警系统和群测群防体系，加密观测降雨，及时转移群众，实现了人员的零伤亡，有很多成功经验值得借鉴。

(1) 整合资金，夯实了山洪灾害防御“技防”基础。绥宁县整合气象、水文、防汛资金，积极开展山洪灾害防御系统建设，从根本上提升了全县山洪灾害防御能力。新建了75个自动雨量监测站和15个卫星预警信息发布站，在高山和偏僻的村组建立了205个简易雨量报警器，配备了简易预警发布设备，持续加强了宣传培训和演练。县财政每年安排监测预警系统运行费80多万元，确保了系统正常运行。在此次强降雨中，隶属于气象局的大溪站、曾家湾站监测信息接入县防指，为县级人民政府指挥山洪灾害防御提供了重要的决策支持。

(2) 严格落实山洪灾害防御工作领导责任制，建立了山洪灾害防御“人防”体系。实行县领导包乡镇、乡镇干部包村、村干部包组、组长和党员包户的四包责任制，并落实村级监测预警员对每次降水过程进行雨量观测，广泛开展群测群防。

(3) 及时发布预警、组织转移得力，涌现了大量感人事迹。根据雨量监测情况，6月17日晚11时30分、18日凌晨4时30分、5时、7时14分、7时20分县防汛指挥部通过山洪灾害监测预警平台向有关乡镇、村组防汛责任人共发布5次预警信息。各防汛责任人及时传递预警信息到户到人、解救受困群众，充分发挥了基层党组织堡垒的作用，是实现大灾面前零伤亡的关键因素。

资料来源：综合湖南省防汛抗旱指挥部办公室、绥宁县防汛抗旱指挥部办公室关于“6·18”山洪灾害情况汇报材料、邵阳市水文水资源勘测局编制的《蓼水红岩以上流域“6·18”暴雨洪水调查分析报告》等内容

案例2 广东信宜市“2016·5·20”山洪灾害防御案例

2016年5月20日，广东省信宜市遭遇强降雨袭击，6小时最大降雨量430mm，量级不仅超过当地历史极值的196mm，而且超过24小时历史极值的332mm，降雨频率超过200年一遇。信宜市利用山洪灾害监测预警系统向8000多名责任人发出4万多条预警短信，乡村干部及时转移受威胁群众51420人。由于及时预警和人员转移，大大减少了人员伤亡，仅有4人因山洪灾害死亡，且没有群死群伤事故。

场景1：铜锣报警

20日一早，信宜市洪冠镇蓝村村委会副主任潘绵成就连续接到省、市、县、镇三防部门的预警信息，他立即按照防汛预案要求，马上通过电话通知他负责对接转移的村民。至上午九时前，他已全部通知自己所负责的合水片区需要转移的60多户村民。

当天中午11时许，暴雨如注、水势凶猛，通信中断，他再也无法与所负责转移的村民取得联系，于是他拿起铜锣和哨子，徒步进村入户，边走边敲铜锣，急催村民快速转移。留守老人何业雄，听到铜锣声，三步并作两步走，赶快走出屋子，在走出大门约30m，就听见“轰隆”一声，回头一看，5间房子全倒了。

“好在平时我们在村委会接受过培训，知道打铜锣是有紧急情况，一定要跑出屋子，这次幸亏走得及时，捡回一条命，铜锣真的成了我的‘生命之锣’，感谢村干部潘绵成及时通知我们，给了我第二次生命”，谈到当时的情形，何业雄泣不成声，默默流着泪水。

场景2：水位报警

“当时，河边这个水位警报器发出很响的声音，我们就跑出来，一看洪水很大很急，快要漫顶，我们就往屋子后面的高地跑，虽然洪水淹了我家，但家人安全，躲过一劫”，住在信宜洪冠镇洪冠河边的一位村民告诉笔者。

在洪冠河边，笔者看见一根立在河边的白色铁杆，高约9m，铁杆顶端装有警笛、警灯和太阳能板。据信宜市三防办叶关生介绍，这些警笛、警灯是洪水报警器，是山洪灾害防御系统的重要组成部分，当洪水超过设定水位时，警笛发出警报声、警灯就闪烁，洪水位越高，警报声持续的时间越长、越响，警灯就闪烁越快，提醒人们赶快避险。洪冠镇书记黄雪峰回忆，5月20日那天，洪水报警器发出很大、很久的报警声，群众听到后都会跑到高处主动避险，这个报警器的作用的确很大。

点评：2010 年台风“凡亚比”带来的强降雨 12 小时最大降雨量 317mm，造成信宜市 20 人死亡、27 人失踪。而在同一地点，2016 年 5 月 20 日 6 小时最大降雨量 430mm，死亡失踪人数大大减少。这充分凸显了山洪灾害多层预警体系发挥的重大作用。广东信宜市的群测群防体系建设的经验有：

（1）建立镇级三防指挥机构。将三防指挥机构由县级延伸至镇级，配备专职三防工作人员、三防办公场所和电脑、网络、电话、传真等预警信息接收发送设施设备，成为最基层的三防预警信息发布机构，向辖区内的村委会及三防责任人发布预警信息，有效解决基层责任制落实的问题。

（2）建立村级铜锣预警机制。在每个行政村制定一个洪涝灾害防御预案、配置一面铜锣。并由村长任锣长，当洪涝等自然灾害来临时，由锣长进村入户敲铜锣进行预警，通知村民远离危房、低洼地带等危险地区进行防灾避险，解决在通信中断的极端情况下的预警问题。

（3）建设简易水位报警站。沿河道广泛建设水位报警器，当河流水位达到预警阈值时，可通过声、光信号自动进行原位报警，同时通过无线和有线方式将预警信号传输至下游报警终端，通过声、光同步报警。简易水位报警器解决了群众没有观测手段，难以把握人员转移时机的问题。

资料来源：综合国家防总办公室《防汛抗旱信息》2016 年第 26 期（广东省建立山洪灾害多层预警体系着力构筑严密防灾减灾网络）、广东省水利厅办公室专题报道（暴雨中“生命之锣”救了我——透视广东基层三防能力建设）等内容

案例 3　甘肃天水市武山县“2013·7·24”山洪灾害防御案例

“全村 172 户 806 人全部安全撤离，雨大、洪水大、水毁严重……”当接到县防汛抗旱指挥部再次询问汛情的电话时，他这样哭喊着回答。这位有着 30 年党龄的老共产党员，在“7·25”持续强降雨暴洪灾害爆发前 10 分钟，组织全村 806 人全部安全撤离。他，就是现年 58 岁的武山县杨河乡杨楼村党支部书记杨建国，同时担任杨河乡山洪预警“户户知”工程（甘肃省对山洪灾害防治项目的别称）预警信息员一职。

7 月 24 日 16 时，在杨楼村党员活动室，正在召开着村“两委”会议，研究的问题是如何面对即将出现的强降雨天气。经讨论研究，如发生灾情，要启动村防汛应急预案，并将居住在河沟边和重点滑坡段的群众的防汛安全划分成若干个责任区，由村“两委”班子成员各负责一个责任区。同时，无条件迅速撤离危险区域群众被达成了共识，村党支部书记杨建国说：“保证群众生命安

全是最关键的，必要的时候要将不愿撤离的群众强制撤离，宁愿现在听到群众的骂声，也不愿听到群众事后的哭声。”

7 月 24 日 18 时 22 分开始，武山县出现持续强降雨过程，杨楼村村班子成员按照事先分工，带着党员到险情险段巡逻。晚上 9 时，村党支部书记杨建国将下午组成的应急突击队员叫到了一起，集结待命。晚上 21 时 45 分，县防汛抗旱办公室山洪预警信息平台监测到杨河、沿安等南部五乡镇雨量达到临界值，一小时雨量达 26mm。防汛抗旱指挥部立即向各村预警员发出一级预警信息。接到县山洪预警信息后，杨建国急忙打开村内山洪灾害预警广播，反复提醒群众做好防洪避险准备，并立即召集全村党员干部，划片包户，按照预案路线紧急撤离。23 时 24 分连续 4 次接到红色预警信息，这时，杨建国正在组织全村群众有序撤离；凌晨 0 时 30 分暴雨如注、河水暴涨；凌晨 1 时，山洪暴发，杨楼村电力设备被毁，全村断电一片漆黑；电力中断，村内广播无法发挥作用，杨建国又提着铜锣挨家挨户叫人，出东家、进西家，全面排查还有无遗漏群众；凌晨 2 时 10 分，排查完最后一户的杨建国来到避险点，再次清点人员，得知全村群众全部安全撤离时，他悲喜交加，用嘶哑的嗓音向县乡两级报告灾情。

事后，杨建国书记才知道，在转移群众的过程中，他家的 1500 多斤粮食和被褥全部被水冲走，新修的车棚也倒塌了。当有人问及是否心疼时，他说“怎么能不心疼呢！但是，那个时候全村的百姓更需要我呀！”

洪水凶似猛兽，堡垒坚若磐石。面对如此大的灾难，村党支部一班人始终冲在最前面，为群众构筑起一道冲不垮、压不倒的坚固堡垒，成为了群众利益

县领导慰问杨建国（右）

的“生死守护神”。不少灾民含着眼泪深情地说：“这次洪灾，如果不是村上干部及时组织我们撤离，恐怕早就没命了，他们是我们的救命恩人。”朴实的语言，道出了灾民的共同心声。

点评：鲜活的实例证明，基层村组干部的责任心担当和各种防范手段合理运用是成功防御山洪灾害的法宝。杨建国在灾前召开了防御准备会议，及时收到了县防汛抗旱办公室山洪预警信息平台的预警信息，采用预警广播发布，在通信电力中断的情况下，采用铜锣通知，确保信息传达到位，按照预案包片组织转移。整个防御过程体现了专业监测预警系统和群测群防体系的接力传递、体现了技防和人防体系的完美结合。

资料来源：武山县政府网专题报道《群众不会忘记——武山县杨河乡杨楼村党支部抗灾救灾纪实》(http://www.wushan.gov.cn/portal/kzjz/jcdzz/webinfo/2013/07/1374734009637403.htm)

案例4 湖北省红安县“2016·7·1”山洪灾害防御案例

收到转移通知，36岁的叶芳和家人按照指定撤离路线，迅速转移到离家不远的国土所避险。

“幸好进行了提前演练，不然都不知道往哪儿跑。”7月3日，回忆起两天前的大水，湖北红安县华家河镇居民叶芳说。

7月1日上午，红安县遭受特大暴雨袭击，华家河镇滠水河水满成灾，30km公路被冲毁，600余间房屋倒塌，21座水库溢洪。当地政府在近3个小时内，成功转移2450余人，无人员伤亡。该镇镇长石胜芳告诉记者，在如此短的时间内完成全员转移，与该镇前期开展的撤离演练有关。

据红安县防汛抗旱指挥部办公室介绍：华家河镇地处红安县西北部，滠水河之华家河段穿镇而过，由于历史原因，镇区老街道175户居民房屋均建在河道两岸，房屋临水面只靠两根钢筋混凝土构造柱支撑，且房屋山头相连，一遇暴雨，险象环生。为有效应对今年的极强暴雨，针对华家河镇防汛工作存在的安全隐患，6月24日，红安县防汛抗旱指挥部办公室提出利用降雨间隙，在华家河镇组织一次山洪灾害应急演练。该县随即在华家河镇现场办公并召开专题会议，研究并确定于6月26日开展全县防洪应急演练。

红安县防汛抗旱指挥部办公室迅速编写演练脚本，将镇区低洼地带住户全部纳入干部包保范围，明确“包保”责任人和职责分工，并将临时安置点、转移路线和包保责任人信息印制成明白卡，同时确定了紧急时刻的预警方式。6月26日有3500余名居民参加了演练。

“想到会有洪水，没想到那么快。”叶芳说，6月30日至7月1日，大雨持续了一夜，1日早上8时许，雨越下越大，站在雨里眼睛都睁不开。9时许，村里的预警广播通知转移时，她第一时间锁好门窗，按照演练时的路线，跑到了国土所安置点。

洪水退后她回家看到，冰箱已卧倒在地，床、煤气罐、电风扇等横七竖八躺在淤泥里。洪水留在墙上的印痕，与她肩膀齐平。60岁的黄妮玲家，铁门被冲断，木门被洪水撕裂，放在二楼楼梯上的稻米也进了水。“太吓人了，好在人都没事儿。”黄妮玲说。

点评：红安县华家河镇看似有偶然和幸运的成分，其实并不偶然。2016年，湖北省各市、州、74个有山洪灾害防治任务的县（市、区）共举办各类防洪演练50多场，参与人数近10万人。山洪灾害防御演练相比常规宣传和培训，具有较强的体验感，对转移路线、报警信号的掌握更加深刻，应进一步提倡并广泛开展。

资料来源：中国新闻网《湖北一乡镇提前演练 洪水来临前全员安全转移》（http://www.chinanews.com/sh/2016/07-04/7927137.shtml）

案例5 湖南省古丈县“2016·7·17”山洪泥石流灾害防御案例

7月17日，天已大亮，湖南省古丈县的天空却乌云笼罩，暴雨如注。8时开始，不到5个小时，默戎镇的降雨量达到203mm，1小时最大降雨量达104.9mm，创下了2016年以来全省1小时最大降雨强度。

住在默戎镇龙鼻村第9组75岁的老人石清亮连连摇头，这么大的雨，好多年都没有见过。当他跨过门口的小溪沟，回头望去，巨大的泥浪瞬间吞没了房屋。这时，他才相信，祖祖辈辈背靠的大山，真的垮了！

幸运的是，他没有受伤。在村干部的组织下，他和村里的500多人都及时进行了转移，一个也没有少。呼啸而至的泥石流，及时果断的撤离，无一人伤亡，有媒体称其为“默戎奇迹”。

这样的“奇迹”并不是偶然……

及时预警迅速转移：

7月17日的古丈县被暴雨笼罩。

10—11时，湖南省气象局向古丈县分别发出暴雨橙色、红色预警。

10时20分，湖南省地质灾害中心向古丈县发送短时预警信息，并通知古丈县国土资源局严加防范。

10时50分，湖南省防指通知古丈县防指，要求其密切关注、严加防范，强降雨区域必须转移人员。

11时15—25分，古丈县防指及时向默戎镇牛鼻村、李家寨村，坪坝镇窝米村、张家坪村等地发出准备转移和立即转移的短信和广播预警。

12时5分，默戎镇龙鼻村排几楼自然寨背后高达几百米的高山，发生巨大垮塌，约1万m^3的泥石流倾泻而下，瞬间冲毁房屋5栋14间，无一人伤亡。

整个强降雨期间，古丈县防汛部门通过山洪灾害监测预警系统发布预警广播624站次、预警短信1188条次，多次电话通知相关部门及默戎镇基层防汛责任人加强巡查防守。古丈县各级防汛责任人迅速到岗到位，水利、交通、国土、民政、公安等部门各司其职，重点加强了对山洪灾害地质隐患点的巡查监测。

提前预警、巡查险情、监测隐患、转移群众……面对突如其来的山洪、泥石流，整个防御措施周密细致、安排井然。

“快塌方了，赶快回寨子里叫大家撤离。”17日11时10分，铁路看守工史许保在雨中排查险情，发出警报。时间就是生命，因为撤离及时，500余村民全部平安无恙，生命跑在了山洪来临前。

点评：湖南省古丈县默戎镇山洪泥石流灾害的防御是“专群结合”的经典案例。专业监测预警系统科学分析、及时预警；群测群防体系巡查监测，快速传达并转移群众，二者紧密结合，跑赢了灾害，取得了零伤亡的成绩，创造了“默戎奇迹”。

资料来源：综合人民日报（2016年07月31日11版）《湖南古丈：山洪中上演“生死时速”》、湖南省防汛指挥部办公室关于古丈县“2016·7·17”山洪泥石流灾害防御的报告等材料

案例6　云南省丘北县“2014·6·28”山洪灾害防御案例

2014年6月27—28日晨，云南省丘北县大部分地区出现暴雨、局部特大暴雨天气过程，新店、腻脚、曰者、八道哨、平寨等7乡（镇）不同程度受灾。其中，新店乡新店村民委和小平地村民委出现特大暴雨，受灾最为严重的是垮山村村民小组（隶属于小平地行政村）。因跨山村简易雨量报警器及时报警，受威胁群众成功避险转移，全村村民小组无一人伤亡。

跨山村小组位于新店乡西部，距乡政府所在地25余km，该村属小平地村民委管辖，四面环山，地属河谷地带，未覆盖通信信号。在跨山村小组安装简易雨量报警器2台，其中小组组长、副组长家各1台。6月27日19时开始降雨，28日5时降雨达80mm左右，简易雨量报警器响起，组长、副组长启动第一次预警。降雨量最大达106mm，后先后预警10多次。28日6时30分组长、副组长开始通知各家各户组织转移，31户104人转移完毕半小时后，山洪侵袭跨山村。

位于跨山村组长家的简易雨量报警器

位于跨山村副组长家的简易雨量报警器

点评：丘北县“2014·6·28”山洪灾害发生后，受国家防总办公室指派，全国山洪灾害防治项目组派出人员专赴丘北县调研简易雨量报警器作用发挥，有以下结论：

(1) 简易雨量报警器加密了监测站点密度，监测到局部强降雨。根据周边自动雨量站信息绘制的降雨等值面图，跨山村累计雨量48～56mm。而布设在组长、副组长家的简易雨量器监测值最大累积降雨为106mm（距离15km的下拖底自动雨量站雨量值26mm），已超立即转移预警指标（80mm/24h）。从以上实例可以看出，通过简易雨量报警器可捕捉自动雨量站没有监测到的局地强降雨。

(2) 简化了监测预警流程，为转移避险争取了宝贵时间。简易雨量报警器安装于受山洪直接威胁的村组，直接监测预警，缩短了预警信息传递链条，增加了应对时间，确保跨山村短时间内就转移104人。

(3) 监测预警不受通信条件限制，在特殊地点和特殊时刻发挥重要作用。跨山村小组未覆盖通信信号，无法使用基于公网的自动雨量站点监测降雨。而简易雨量报警器相对独立，不依赖公网通信系统和外部电力，可实现通信中断或专业监测预警系统难以覆盖情况下的监测预警。

(4) 带动了基层防御责任的落实，增强了群众的防御意识。给基层监测预警人员配备了简易雨量报警器和相应的预警设备（铜锣、手摇警报器等），增强了基层获取信息和预警发布的能力，使监测和预警任务得到了很好的落实和保障。小平地村村山洪灾害防御预案也规定，简易雨量报警器作为跨山村小组获取实时雨情信息和判断警戒程度的重要工具，村组要围绕简易雨量报警器做好监测预警。（现场调研人员：李青、涂勇）

附录C　山洪灾害防御群测群防体系建设参阅样例

一、宣传材料样例

河南省山洪灾害防御标识与宣传品制作标准。

河南省山洪灾害防御 宣传栏

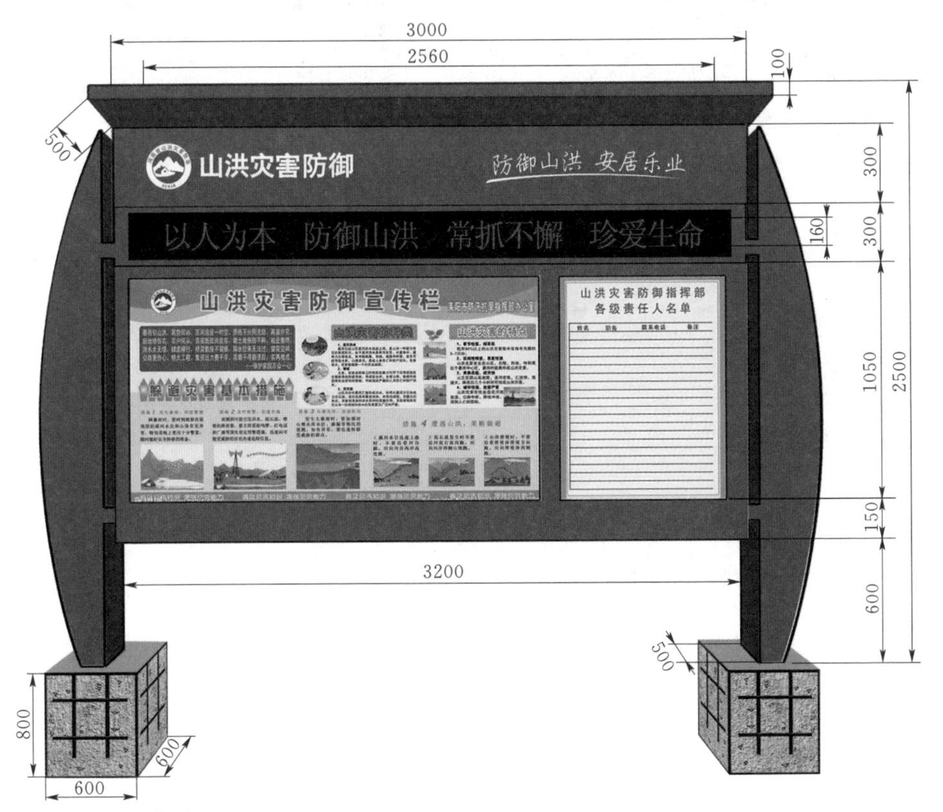

说明：

(1)图中尺寸单位为mm；

(2)此款宣传栏附带有LED显示屏，屏幕尺寸为2560×160；

(3)宣传栏为镀锌材质折弯制成，零部件需进行防锈处理；

(4)宣传栏正面开窗为有机玻璃，大窗尺寸为2000×1000，小窗尺寸为800×1000，可随时更换宣传栏内版面；

(5)LED显示屏内容可进行远程操控更改；

(6)宣传栏安装应考虑电力供应及应急备点；

(7)宣传栏内容包括：组织机构、临时避险点、山洪灾害防御知识等；

(8)预埋桩为C20商混凝土浇筑，内加$\phi 16(L=500,700)$井字锚固二级钢。

河南省山洪灾害防御 宣传栏

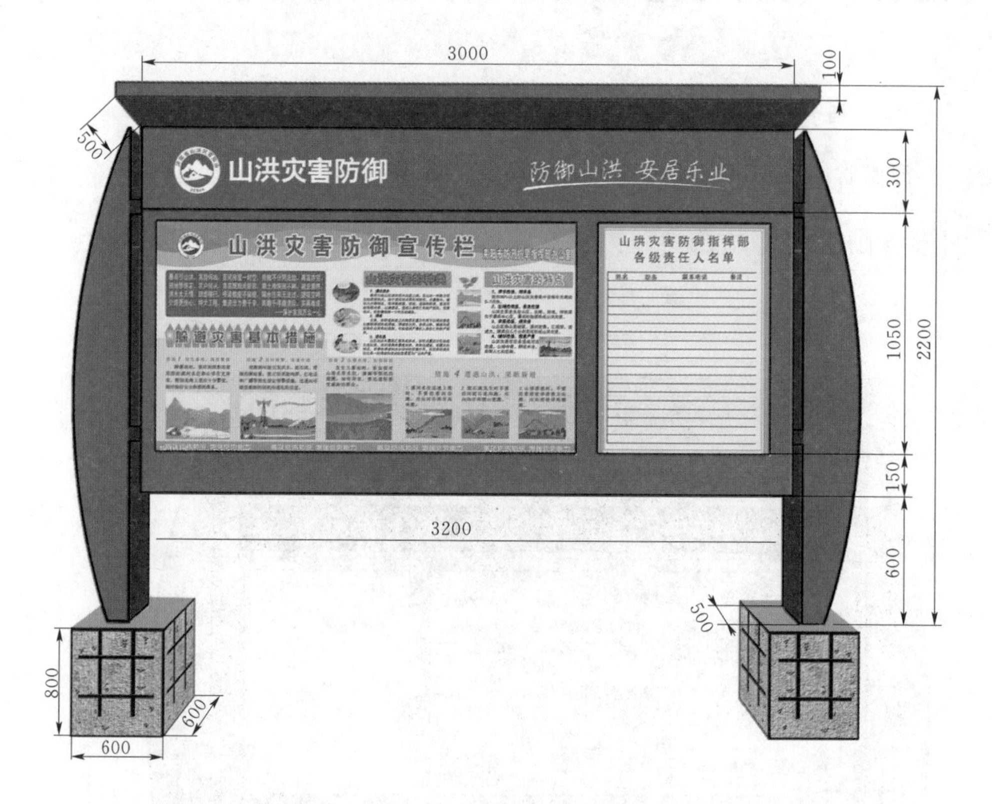

说明：

(1)图中尺寸单位为mm；

(2)宣传栏为镀锌材质折弯制成，零部件需进行防锈处理；

(3)宣传栏正面开窗为有机玻璃，大窗尺寸为2000×1000，小窗尺寸为800×1000，可随时更换宣传栏内版面；

(4)宣传栏内容包括：组织机构、临时避险点、山洪灾害防御知识等；

(5)预埋桩为C20商混凝土浇筑，内加$\phi 16(L=500,700)$井字锚固二级钢。

河南省山洪灾害防御 宣传标语牌

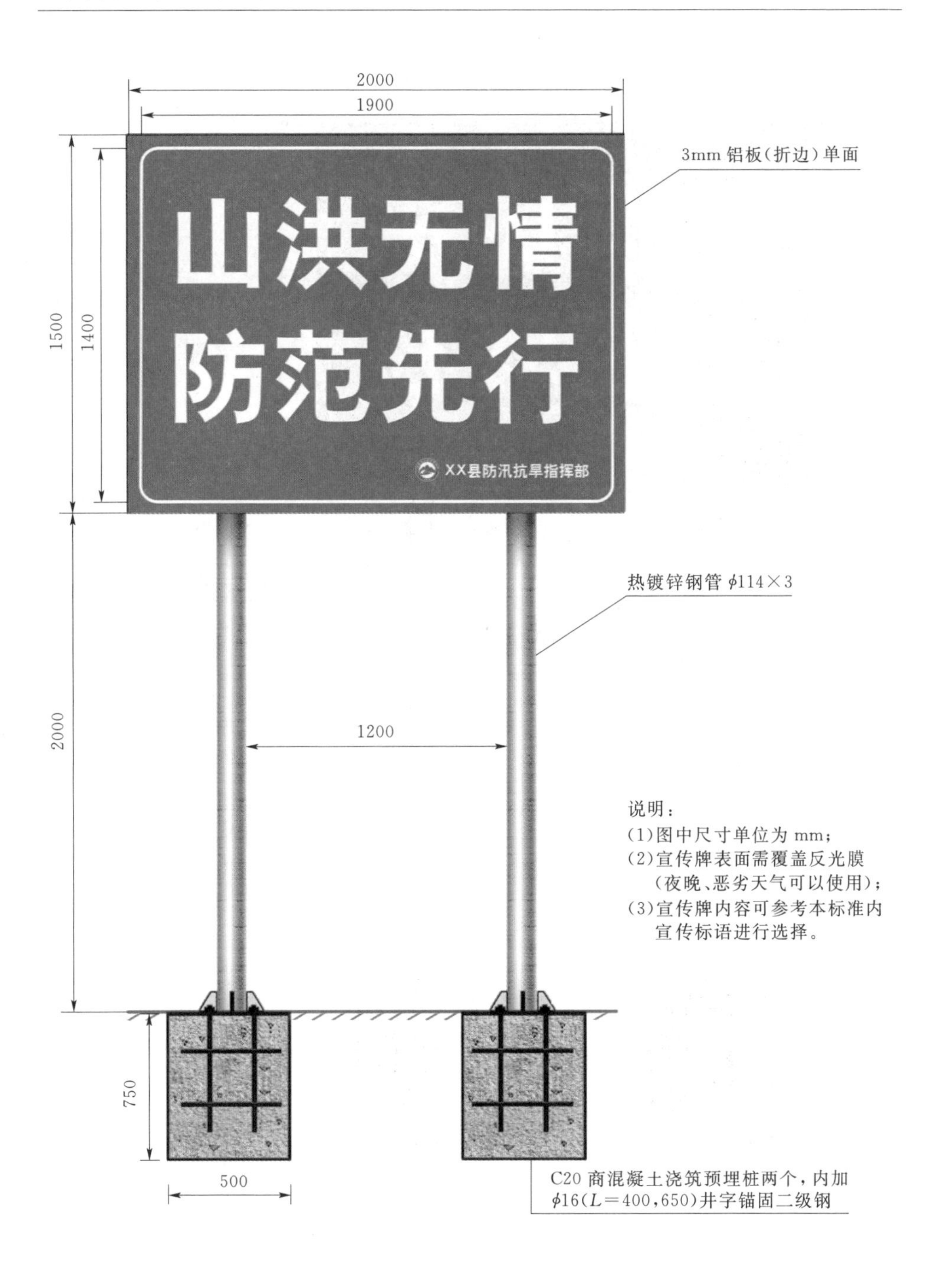

河南省山洪灾害防御 宣传标语牌

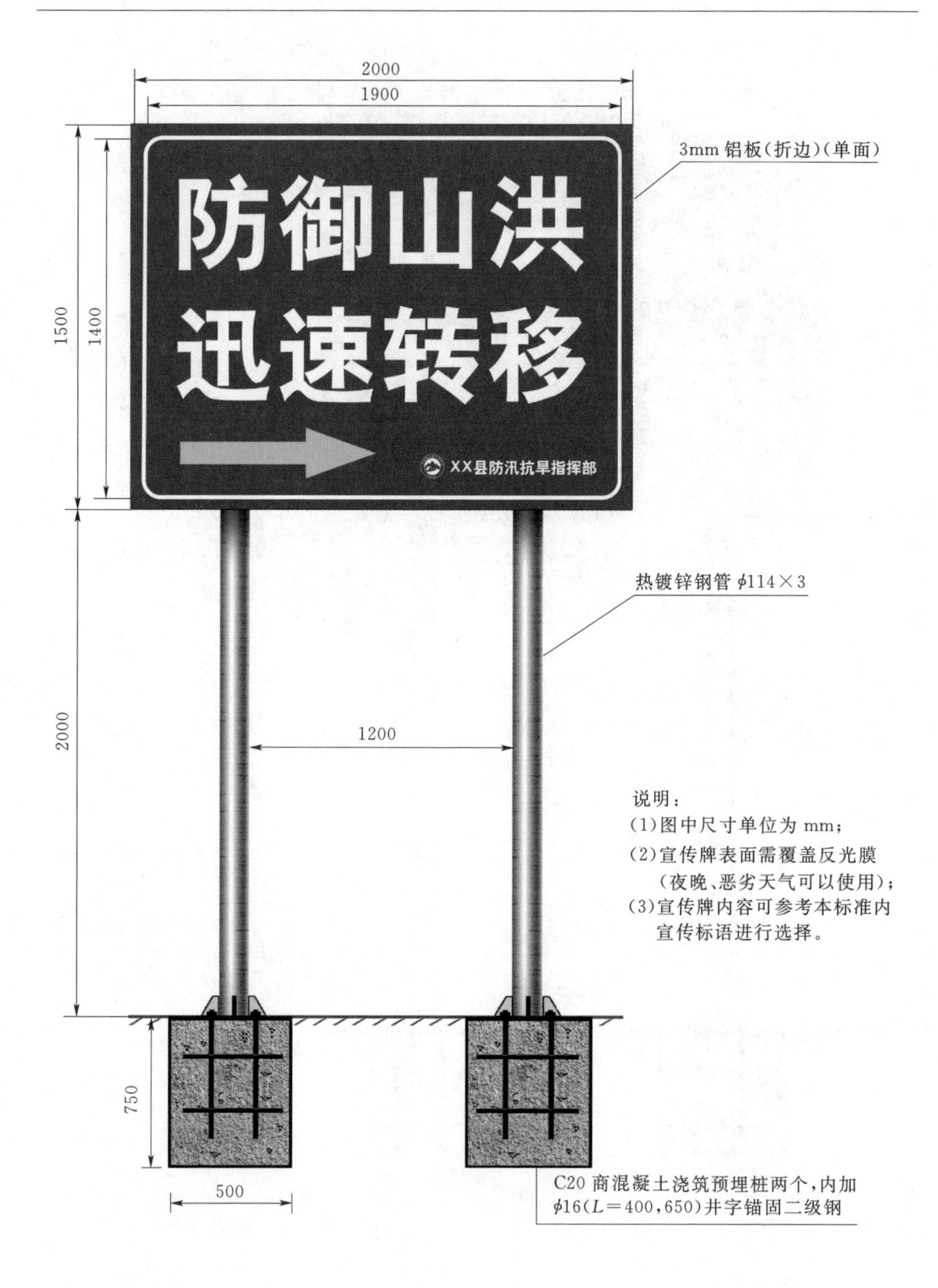

说明:
(1)图中尺寸单位为mm;
(2)宣传牌表面需覆盖反光膜(夜晚、恶劣天气可以使用);
(3)宣传牌内容可参考本标准内宣传标语进行选择。

河南省山洪灾害防御 宣传标语牌

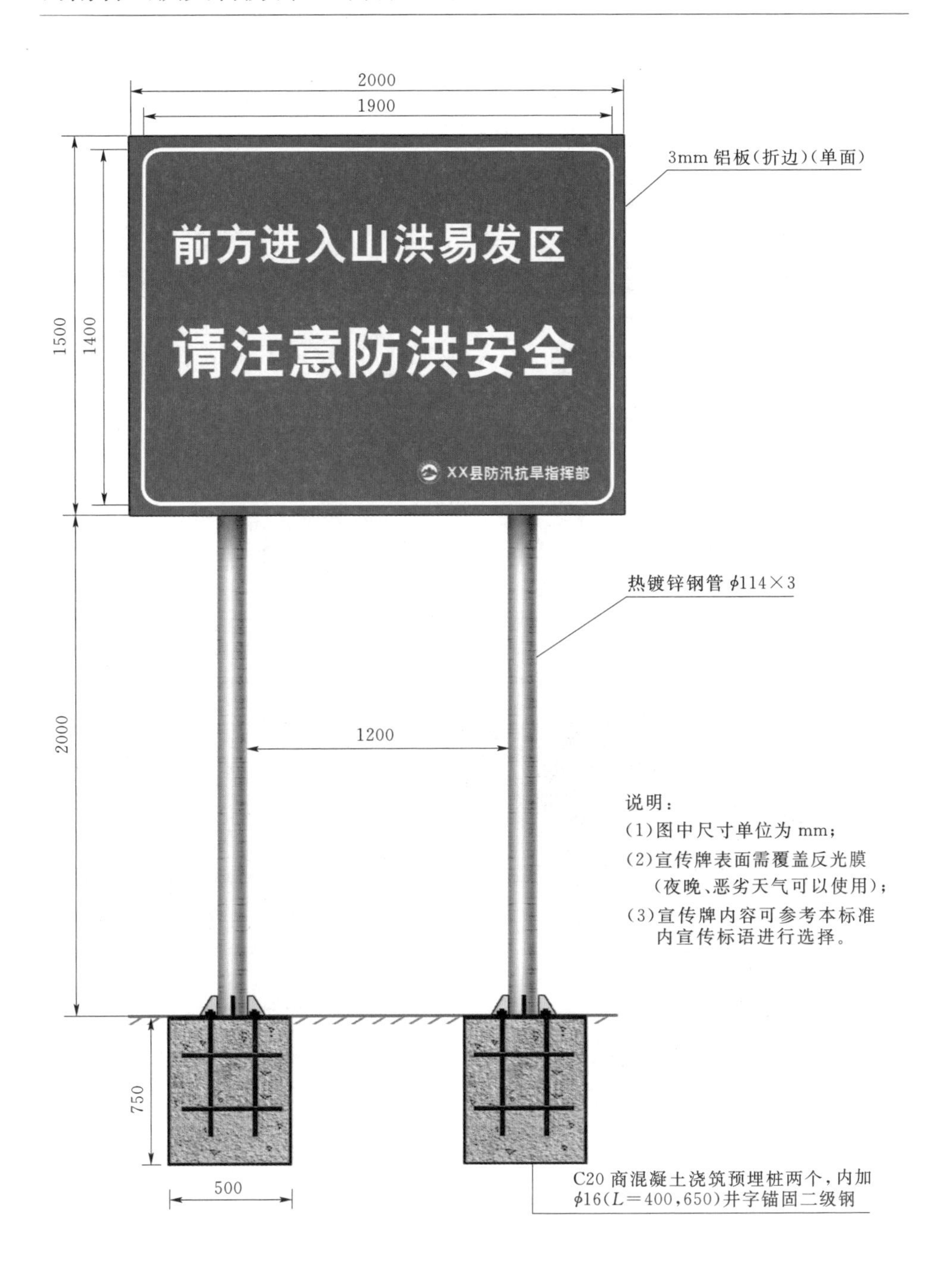

说明：

(1)图中尺寸单位为mm；

(2)宣传牌表面需覆盖反光膜(夜晚、恶劣天气可以使用)；

(3)宣传牌内容可参考本标准内宣传标语进行选择。

河南省山洪灾害防御 避灾安置点（墙体）

说明：

（1）图中尺寸单位为mm；

（2）山洪灾害避灾安置点指示牌（墙体）材质为铝制板，表面覆盖反光膜；

（3）转移路线指示应标明：转移方向、避险点名称、责任人、联系电话、安置范围及当地防汛抗旱指挥部名称。

河南省山洪灾害防御 避灾安置点

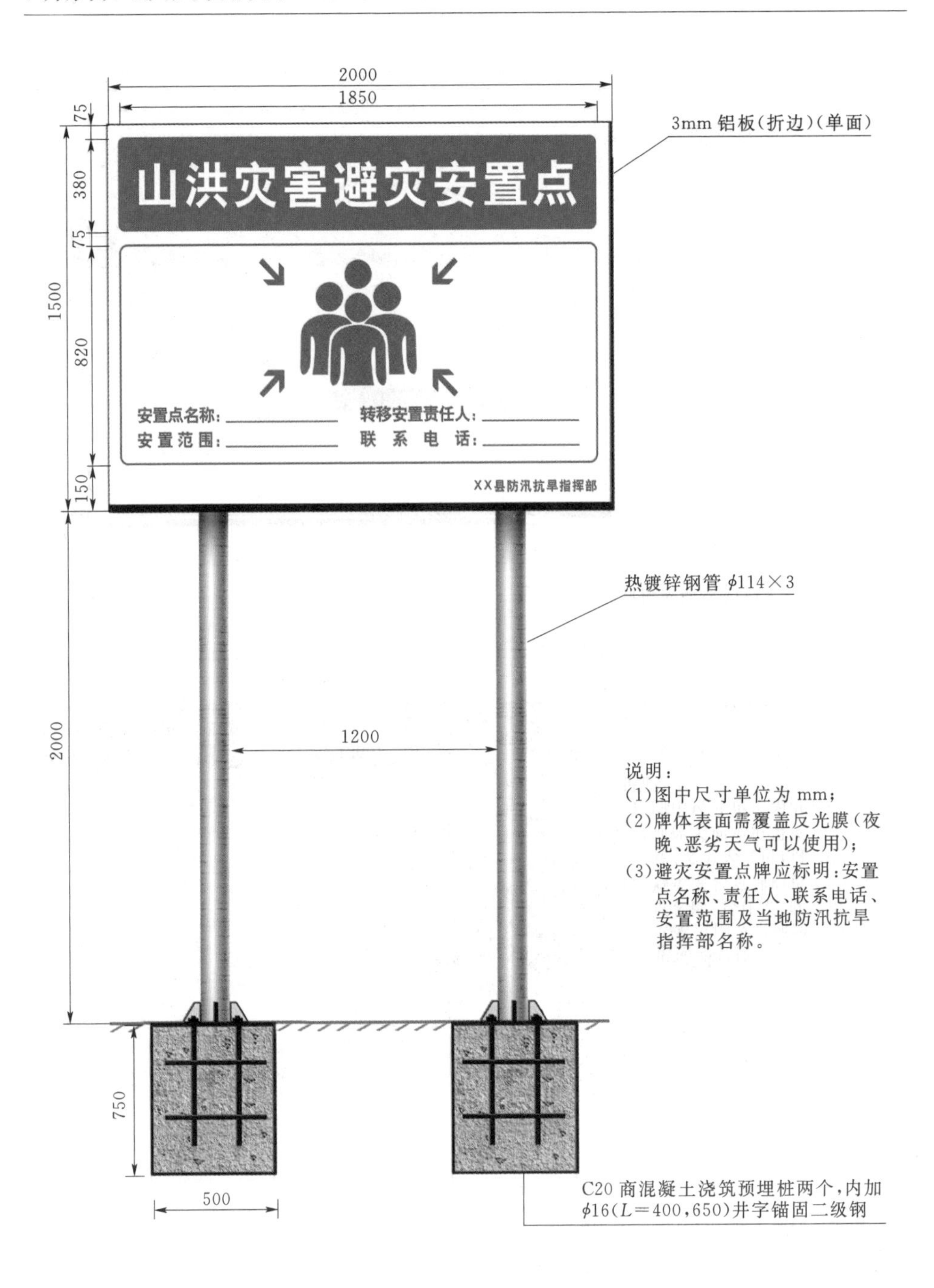

说明:
(1)图中尺寸单位为 mm;
(2)牌体表面需覆盖反光膜(夜晚、恶劣天气可以使用);
(3)避灾安置点牌应标明:安置点名称、责任人、联系电话、安置范围及当地防汛抗旱指挥部名称。

河南省山洪灾害防治防御 转移路线(墙体)

说明:
(1)图中尺寸单位为 mm;
(2)山洪灾害避灾转移路线指示牌(墙体)应使用铝制标牌,表面覆盖反光膜;
(3)转移路线指示应标明:转移方向、避险点名称、责任人、联系电话、安置范围及当地防汛抗旱指挥部名称。

河南省山洪灾害防御 避灾转移路线

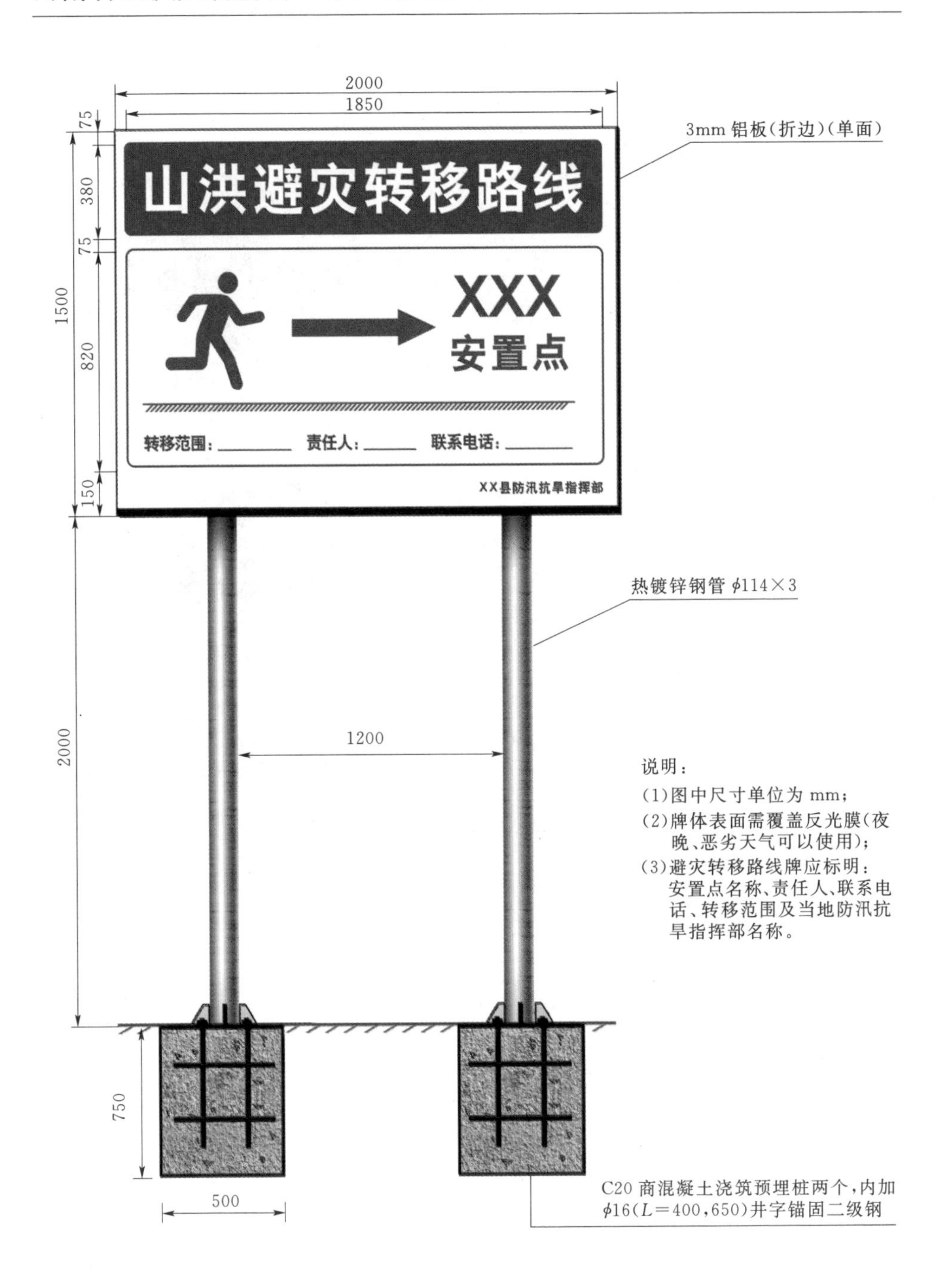

说明：

(1)图中尺寸单位为 mm；

(2)牌体表面需覆盖反光膜(夜晚、恶劣天气可以使用)；

(3)避灾转移路线牌应标明：安置点名称、责任人、联系电话、转移范围及当地防汛抗旱指挥部名称。

河南省山洪灾害防御 指示类标志标牌

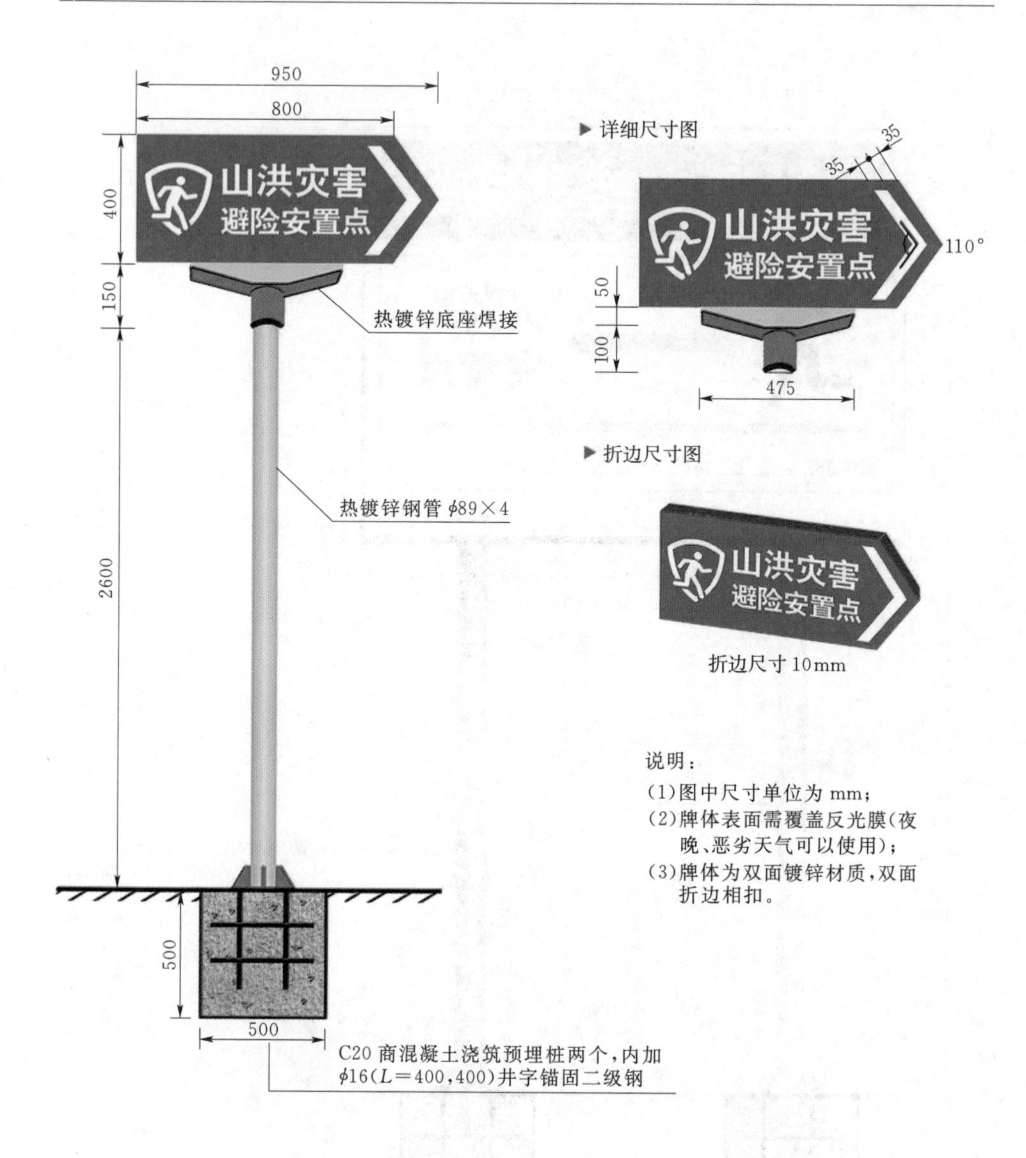

说明：

(1)图中尺寸单位为 mm；

(2)牌体表面需覆盖反光膜(夜晚、恶劣天气可以使用)；

(3)牌体为双面镀锌材质，双面折边相扣。

河南省山洪灾害防御 警示牌

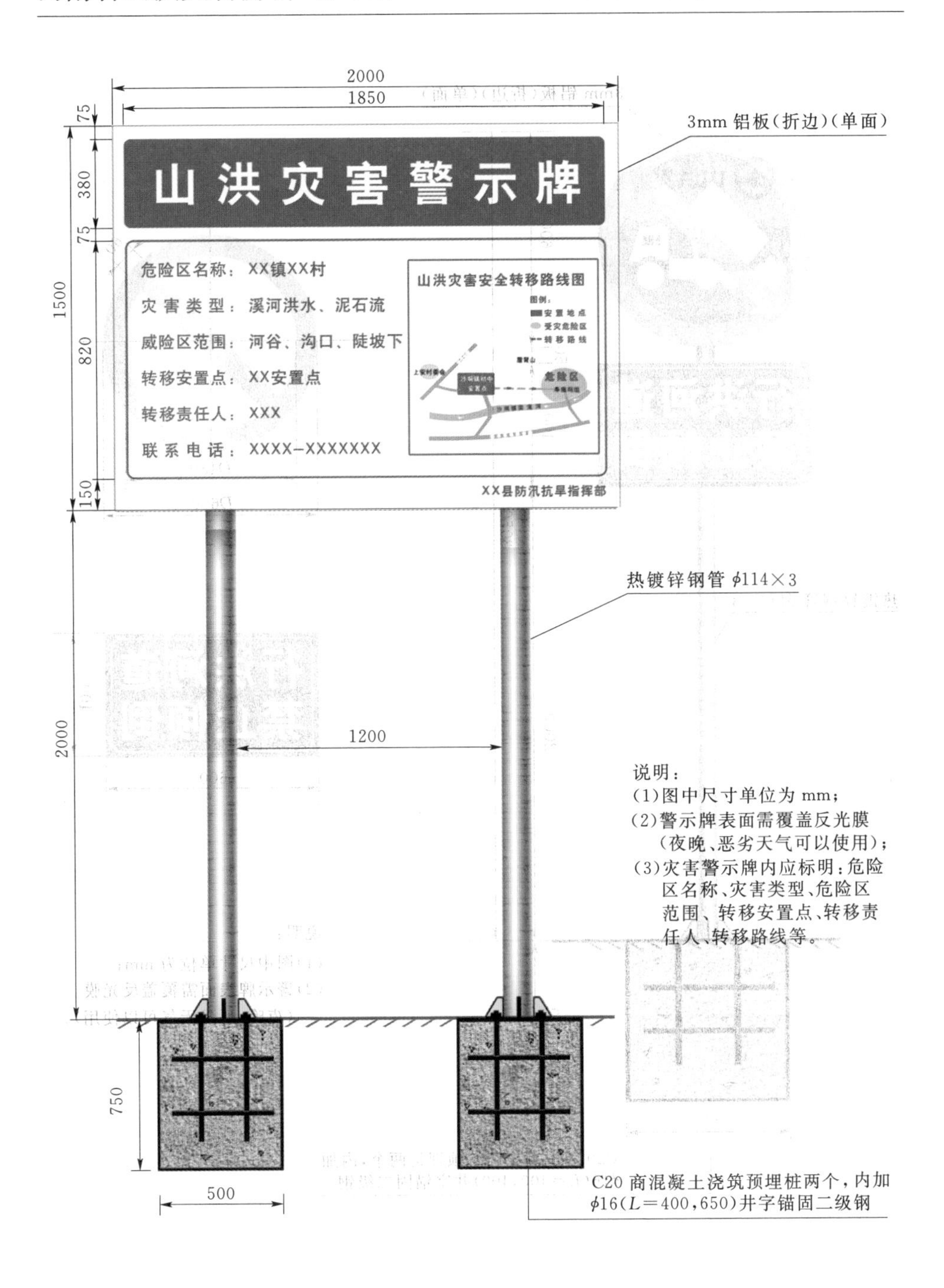

说明：
(1)图中尺寸单位为 mm；
(2)警示牌表面需覆盖反光膜(夜晚、恶劣天气可以使用)；
(3)灾害警示牌内应标明：危险区名称、灾害类型、危险区范围、转移安置点、转移责任人、转移路线等。

河南省山洪灾害防御 警示牌

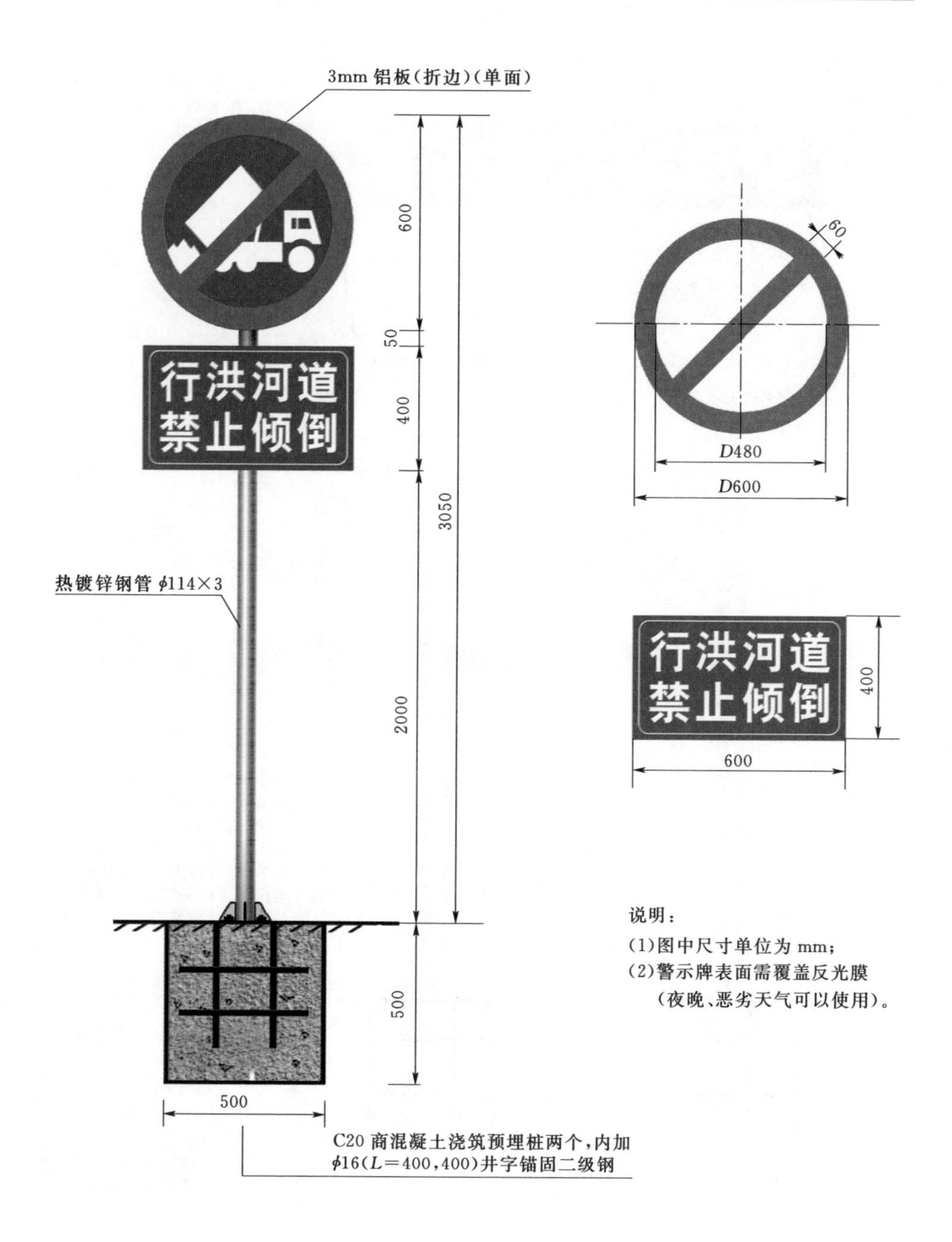

说明：

(1)图中尺寸单位为 mm；

(2)警示牌表面需覆盖反光膜（夜晚、恶劣天气可以使用）。

河南省山洪灾害防御 警示牌

河南省山洪灾害防御 明白卡(墙体版)

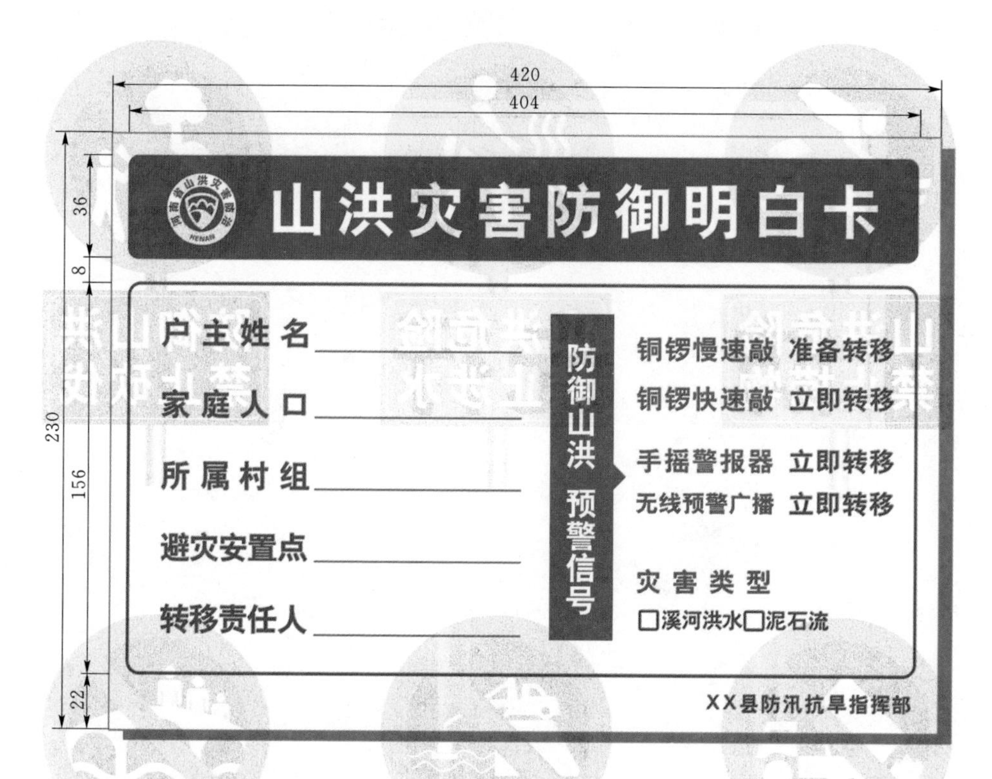

说明:

(1)图中尺寸单位为mm;

(2)明白卡使用彩印过塑,外附亚克力面板;

(3)明白卡内容需包括家庭信息、所属村组、避灾安置点、预警信号、灾害类型等。

河南省山洪灾害防御 明白卡(手持版)

说明：

(1)图中尺寸单位为 mm；

(2)明白卡使用彩印过塑；

(3)明白卡内容需包括家庭信息、所属村组、避灾安置点、预警信号、灾害类型等；

(4)明白卡存档页用于记录归档，村民页存放于村民家中。

河南省山洪灾害防御 简易水尺桩

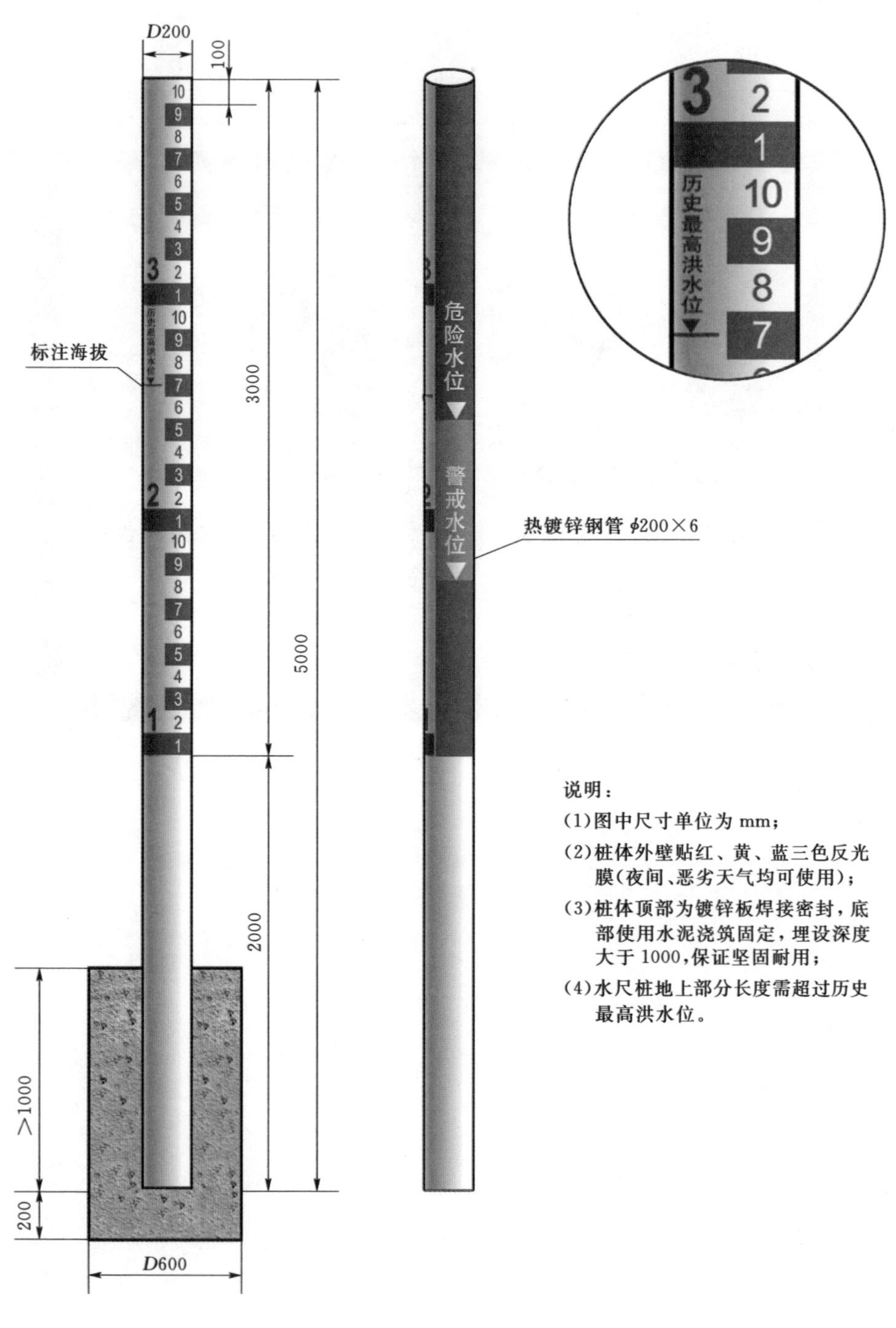

说明：

(1)图中尺寸单位为 mm；

(2)桩体外壁贴红、黄、蓝三色反光膜(夜间、恶劣天气均可使用)；

(3)桩体顶部为镀锌板焊接密封，底部使用水泥浇筑固定，埋设深度大于 1000，保证坚固耐用；

(4)水尺桩地上部分长度需超过历史最高洪水位。

河南省山洪灾害防御 简易水尺桩

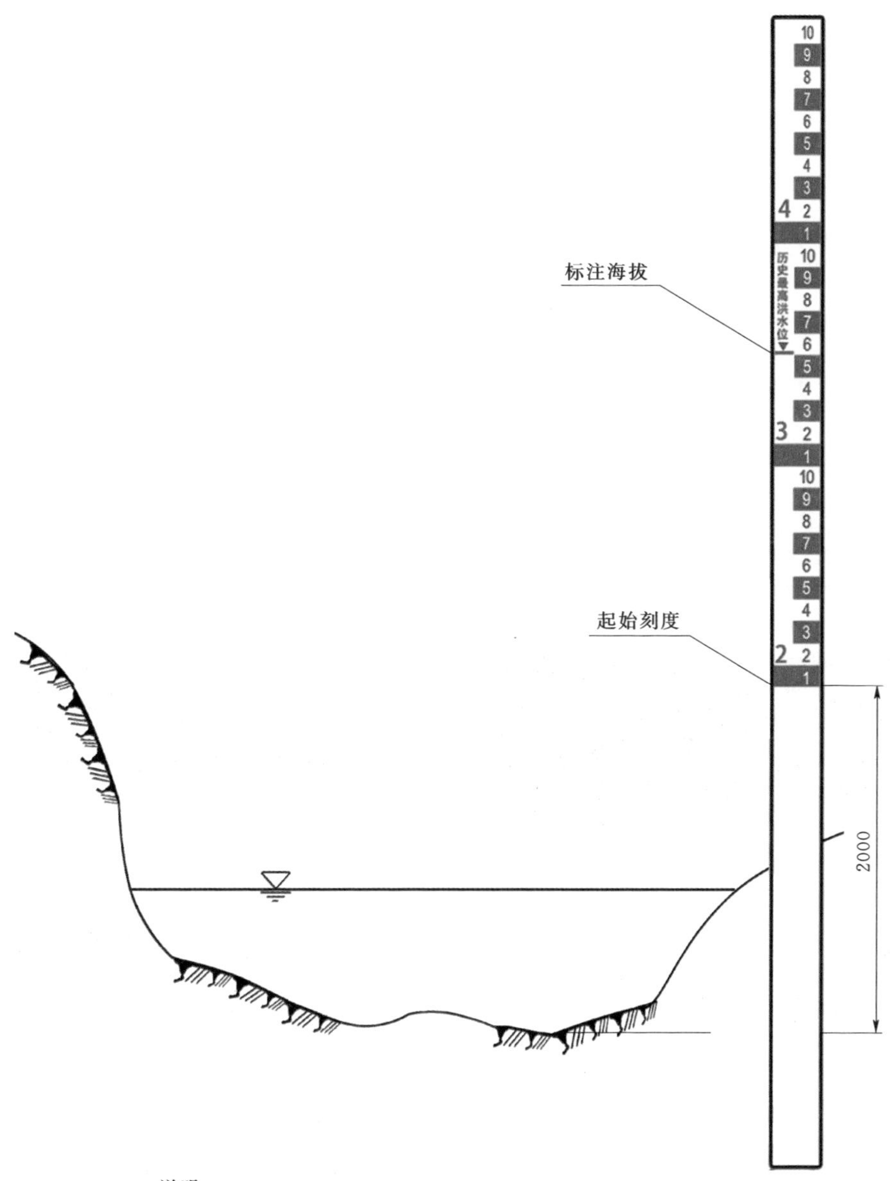

说明：

(1)图中尺寸单位为mm；

(2)此图为简易水尺桩安装示意图，其实刻度值为该处至河道深泓线处垂直高度；

(3)桩体顶部为镀锌板焊接密封，底部使用水泥浇筑固定，埋设深度大于1000，保证坚固耐用；

(4)水尺桩地上部分长度需超过历史最高洪水位。

河南省山洪灾害防御 特征水位标识

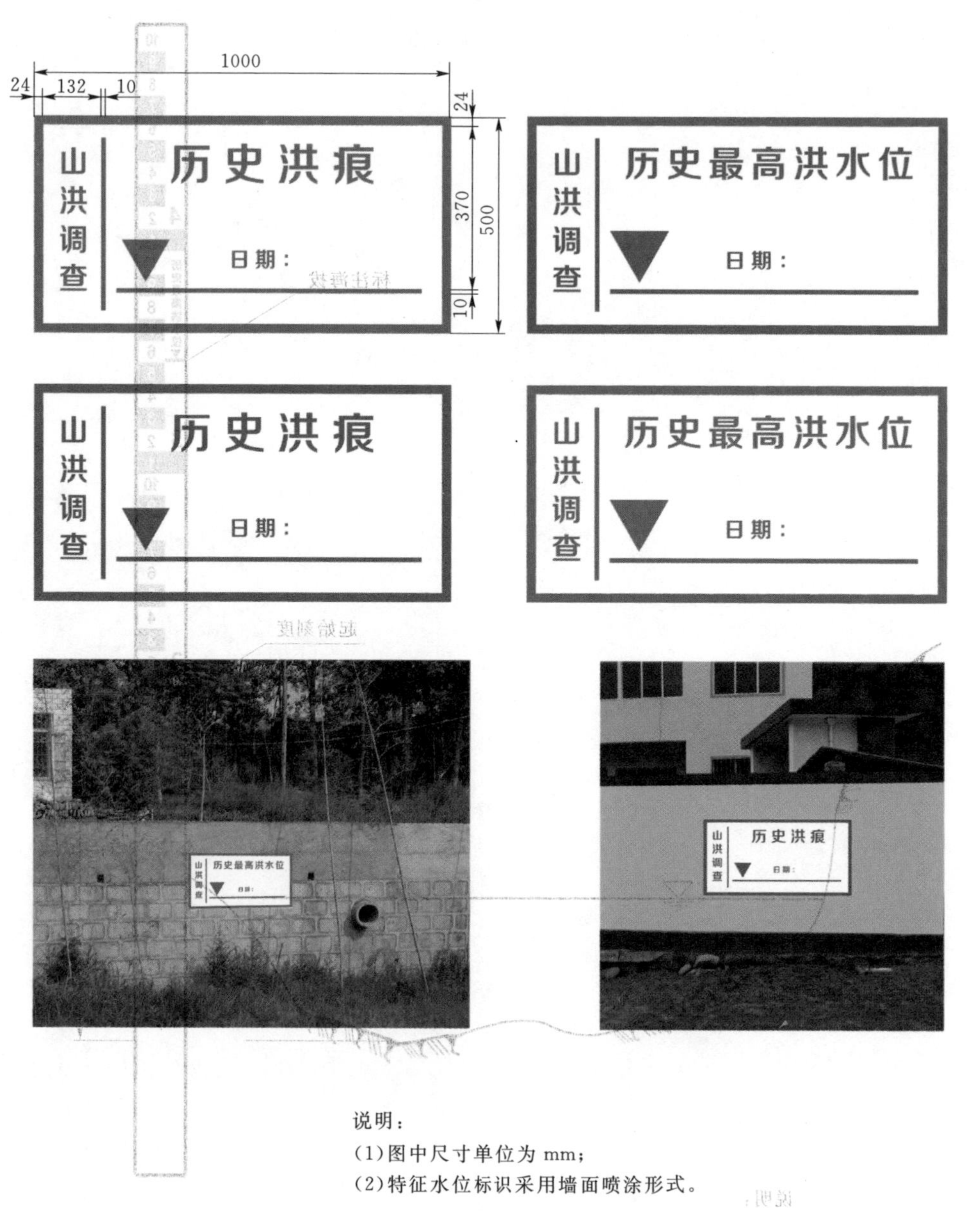

说明：

(1)图中尺寸单位为 mm；

(2)特征水位标识采用墙面喷涂形式。

河南省山洪灾害防御 设施设备牌

防汛设备，严禁破坏

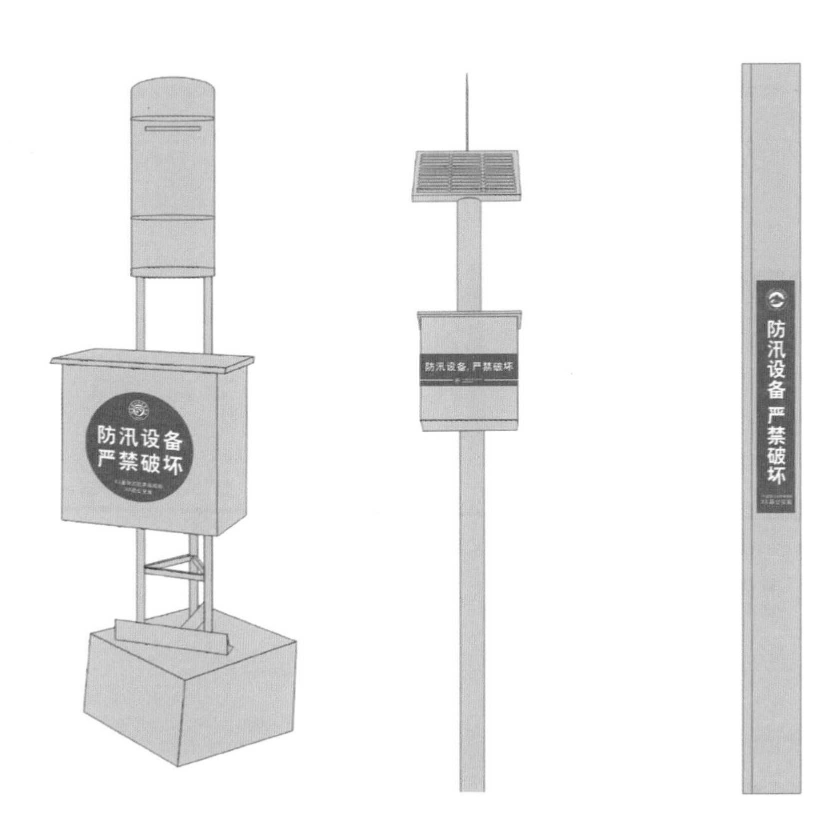

河南省山洪灾害防御 设备操作说明

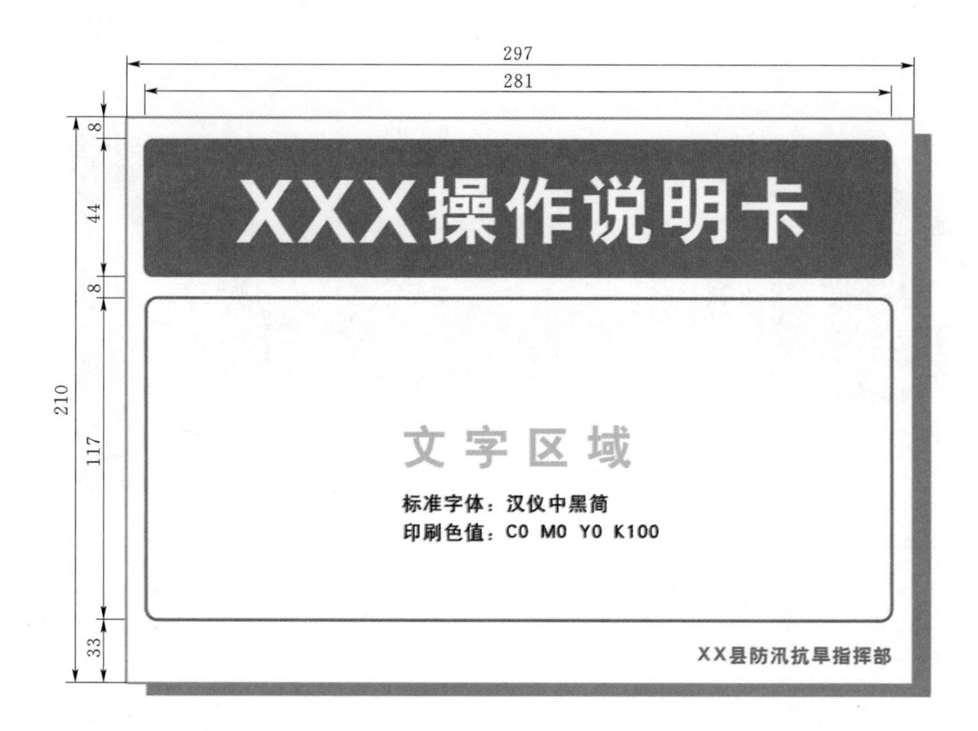

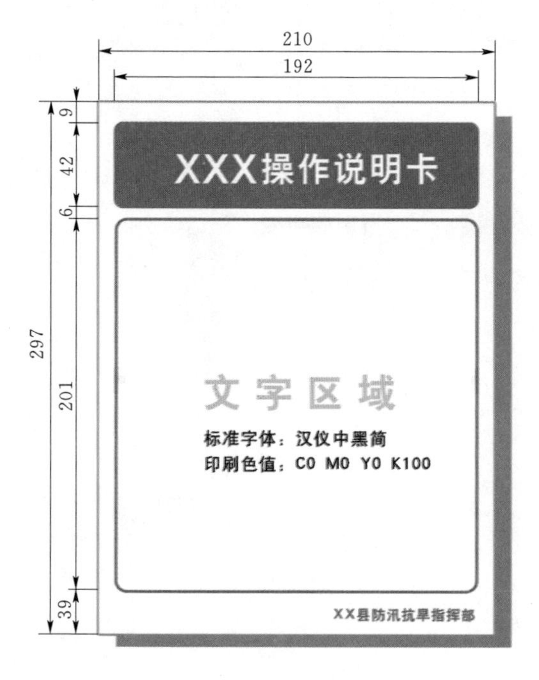

说明：

(1)图中尺寸单位为mm；

(2)操作说明卡为不干胶设计，彩色印刷，贴于防汛设备醒目位置。

河南省山洪灾害防御 制度牌

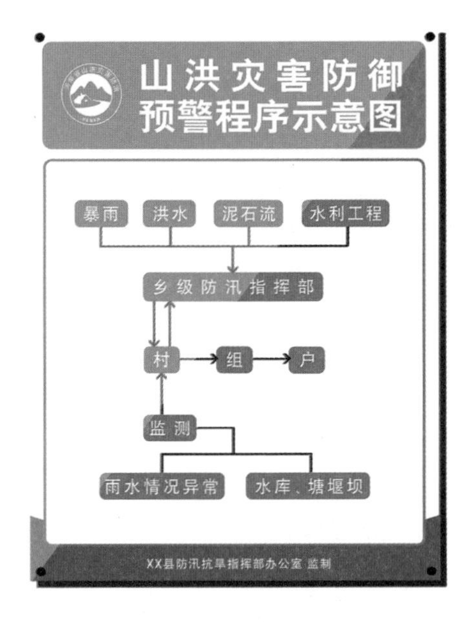

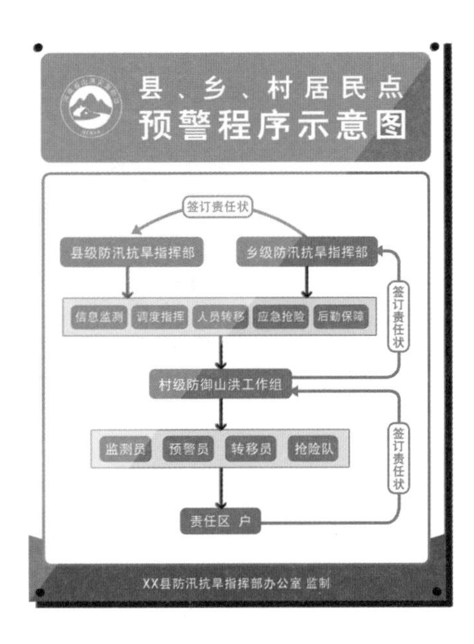

河南省山洪灾害防御 制度牌

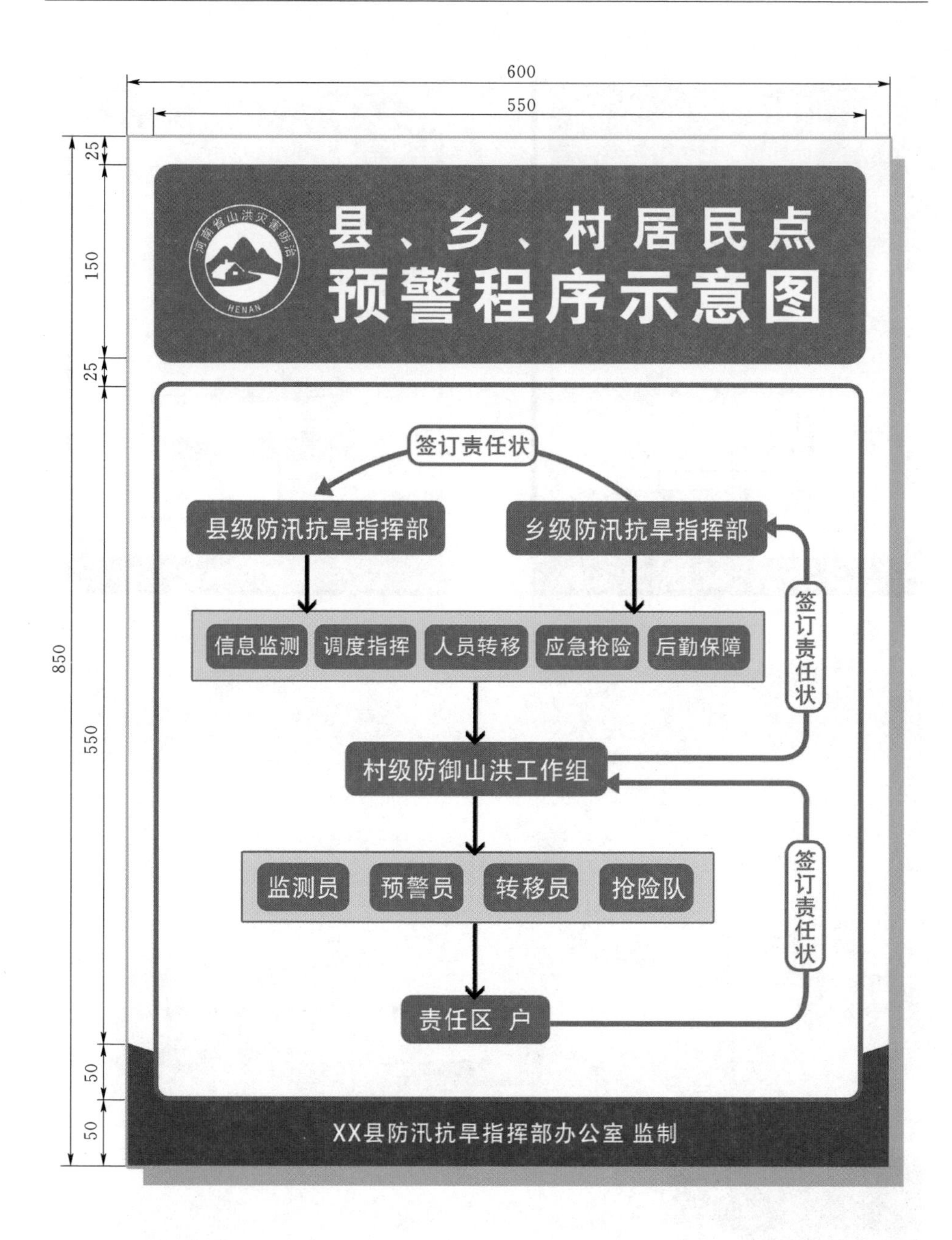

说明：

(1)图中尺寸单位为mm；

(2)制度牌为彩印过塑，外附亚克力面板，悬挂于各级山洪灾害防御部门。

河南省山洪灾害防御 制度牌

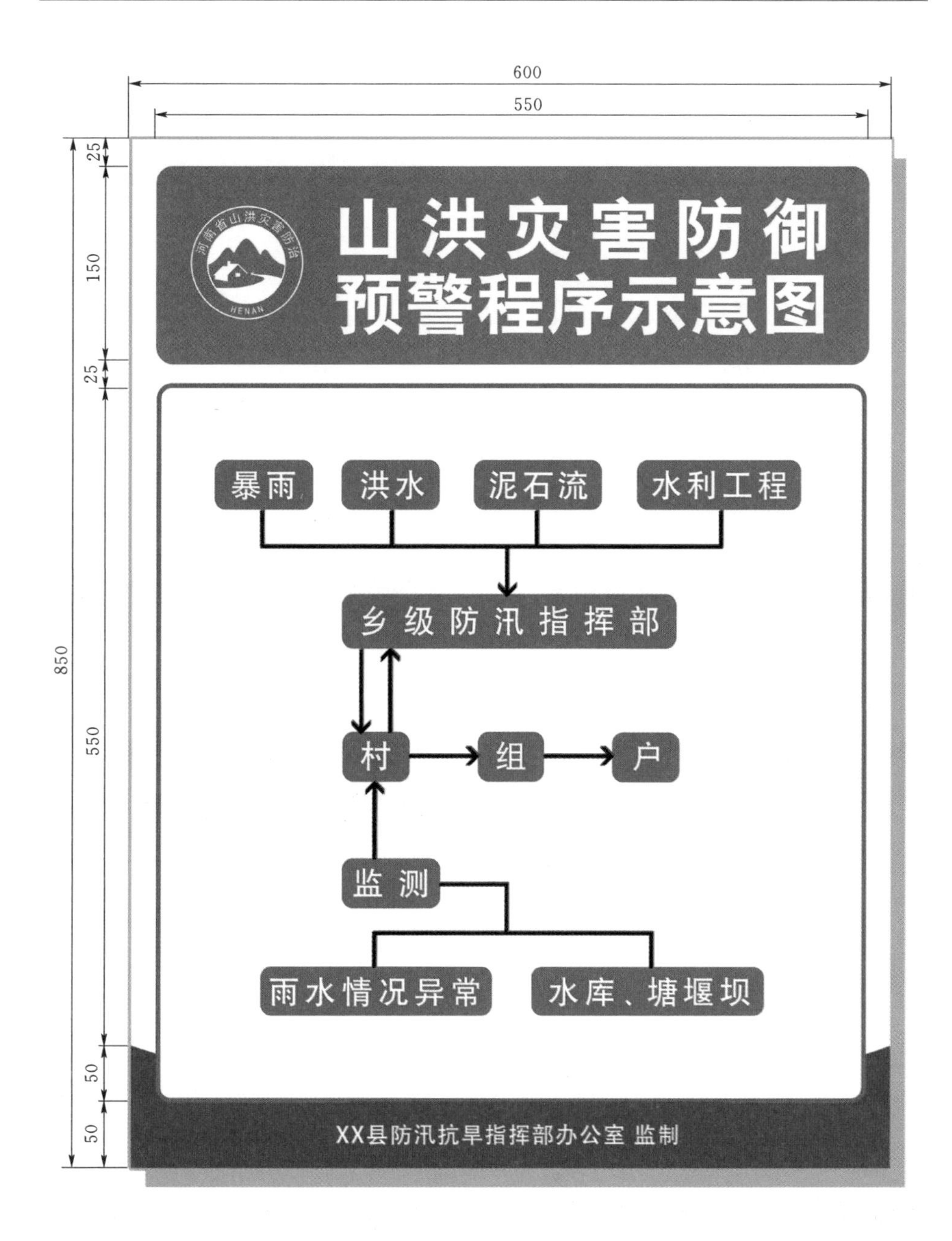

说明：

(1)图中尺寸单位为mm；

(2)制度牌为彩印过塑，外附亚克力面板，悬挂于各级山洪灾害防御部门。

河南省山洪灾害防御 制度牌

河南省山洪灾害防御 宣传标语

防御山洪灾害 构建和谐社会

xx县防汛抗旱指挥部

750

说明：

(1)宣传标语图幅高度一般不小于750mm，长度根据宣传内容、布设位置确定；

(2)宣传标语可采用张贴、喷涂、刷染等形式。

河南省山洪灾害防御 宣传标语

普及山洪防御知识 增强抗灾自救能力

山洪报警响 转移莫慌张

山洪如来犯 撤离要果断

山洪预警责任重 群测群防靠群众

山区雨天多灾害 莫贪美景忘安全

提高防御意识 做好山洪防御

增强水患意识 全民防御山洪

珍爱生命 防御山洪

以人为本 防御山洪

预防山洪灾害 构建和谐社会

远离山洪危险区 迅速撤转保安全

道路畅通防山洪 汛期安全记心中

防御山洪 以防为主 防治结合

防御山洪灾害 保障生命安全

防御山洪灾害 构建和谐社会

洪水达到警戒线 迅速转移保安全

洪水无情 水大莫行

洪水无情人有情 众志成城防山洪

坚持人水和谐 建设生态文明

保护植被 防治山洪

依法防洪 科学防洪 全民防洪

以人为本防御山洪 群测群防众志成城

以人为本 防御山洪 常抓不懈 珍爱生命

严禁削坡临河建房 防止山体滑坡房屋倒塌

防汛无小事 责任大如天

村民联保筑长城 群测群防御山洪

防汛靠大家 雨天多观察 警惕山洪发

防汛预案常演练 转移事项记心间

防御山洪 人人有责

防御山洪 安居乐业

防御山洪灾害 促进经济发展

防御山洪灾害 构建平安某某城市

搞好河道管护 保护河道安全

涵养水源 防治山洪

洪水猛如虎 莫把河道堵

洪灾无情人有情 群策群力防山洪

家庭开个防汛会 防御山洪早准备

建房选址要注意 避开山洪危险区

连阴雨天常观察 发现险情快转移

旅游观景需安全 防御山洪第一件

桥上看水危险大 河边捞物危险多

认真填写明白卡 山洪来了要靠它

山洪毁我家 防御靠大家

山洪预警很重要 山洪爆发拉警报

山清水秀休闲地 防御山洪要牢记

水库留库容 汛期防山洪

河南省山洪灾害防御 广告宣传品

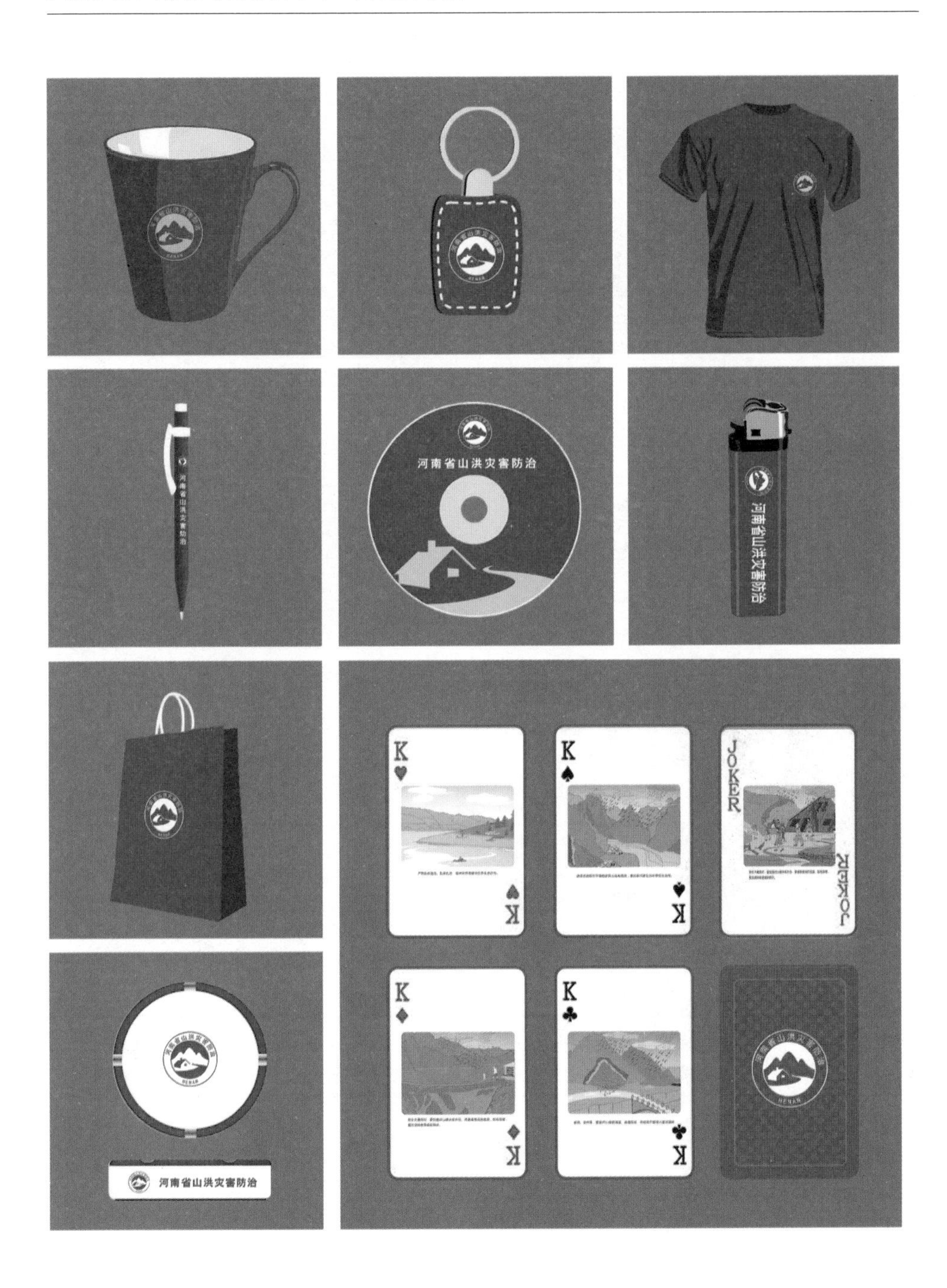

河南省山洪灾害防御 广告宣传品

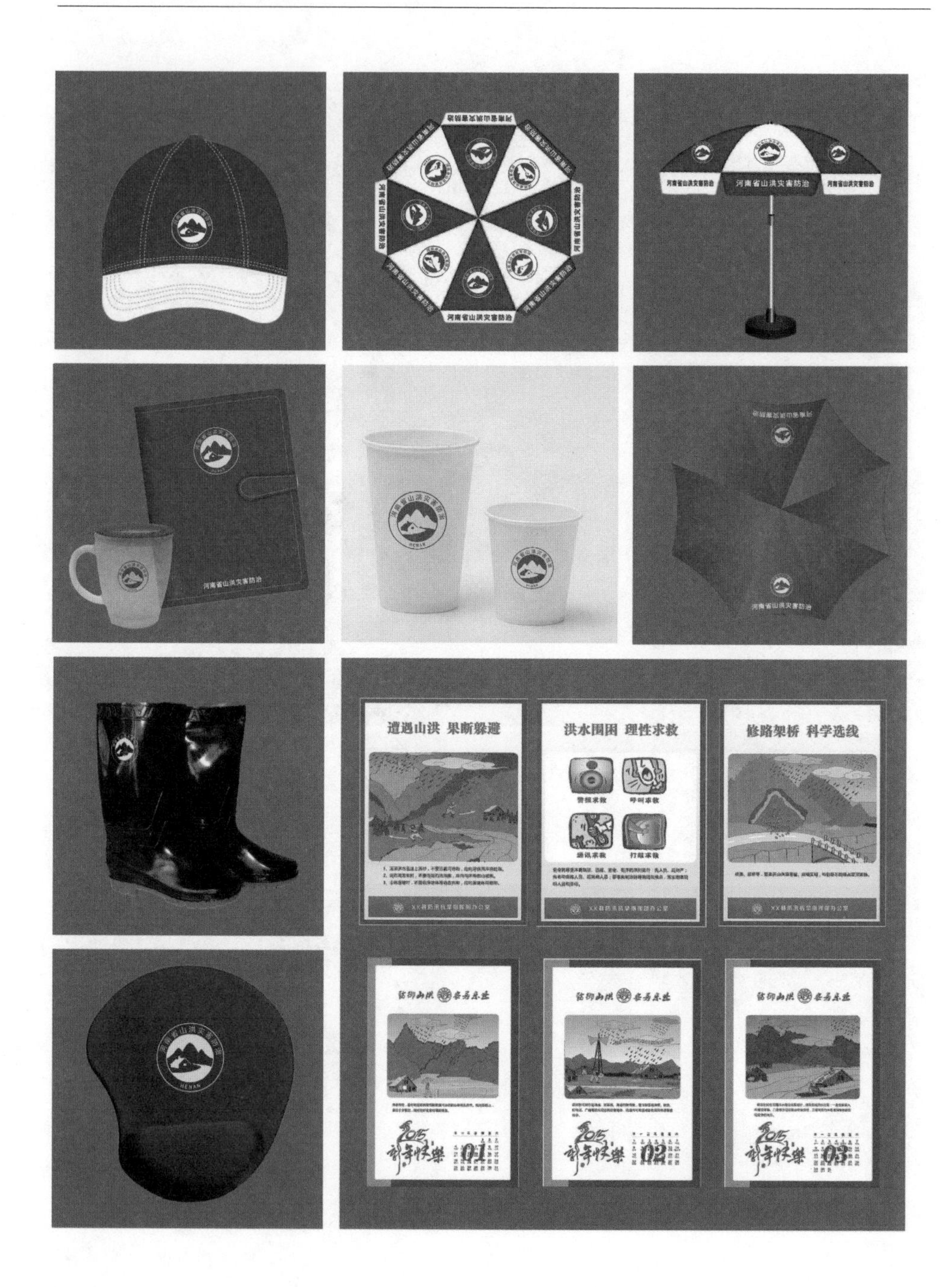

二、乡（镇）演练脚本

____县____镇山洪灾害防御演练脚本及解说词

时间/（时：分）	临时指挥部动作	各组动作	解说
14：30	指挥部领导就坐	各工作组列队在临时指挥部前，观摩人员集中在指挥部一侧	【全部人员就位后】 “各位领导，各位嘉宾，同志们，下午好！为提高乡镇防汛指挥部的工作能力，提高人民群众遇到山洪灾害时的自救能力和逃生能力，检验乡镇山洪灾害应急预案和措施的可行性，锻炼乡镇和村防汛应急抢险队伍、各响应部门的应急能力，今天我们举行______镇山洪灾害防御演练。 参加演练的领导有：____________________； 到现场观摩指导的有：________、______村委会部分村民等。 今天的演练有四项主要内容：一、县领导讲话并宣布演练开始；二、进行演练；三、县领导做演练总结；四、慰问转移群众和现场宣传。下面首先请县领导讲话，大家鼓掌欢迎。”
14：40	县领导讲话，宣布演练开始		
14：43	指挥长站立指挥。 在队长报告后答复：“按计划进行！”	应急抢险队长整队，清点人数（采用1，2，3，…报数方式）。报数完毕后，向指挥长请示（先敬礼）：“报告指挥长，______乡（镇）防御山洪灾害演练准备完毕，是否进行，请指示！报告人：______乡（镇）防御山洪灾害演练应急抢险队队长______”。 抢险队长回答：“是”。 转身回到队伍前，并将队伍带到指定地点待命	【队长将队伍带到一边待命时】 “演练已经开始，参演的各个工作组已经就位，分别是监测组、信息组、转移组、调度组、保障组和乡镇应急抢险队。他们将进行预警信号发送、转移受山洪威胁的群众、抢救伤员、搜救被困群众、防疫消毒等演练。”

续表

时间/（时：分）	临时指挥部动作	各组动作	解说
14：45	指挥长站立指挥。 指挥长答复："明白，请继续加强水雨情信息监测。"	信息组组长接收到县预警平台发来的预警信息，并协同监测组到简易雨量站加强实时监测。 信息组组长到指挥部前（或通过对讲机）向指挥部报告："报告指挥长，由于连降暴雨，6小时降雨量已达到120mm，________河河水暴涨，有发生山洪灾害迹象，请指挥长指示！" 信息组长回答："是"。返回待命	【指挥长答复后】 "一般情况下，山洪灾害防御预警信号由上级防汛指挥机构发布。村级防御工作组接到预警信息后，组长（即村党支部书记）组织启动村级山洪防御预案。副组长（即村委会主任）落实组长发布的指令，按照预警级别通知相关责任人，加强防汛值班，密切注意雨水情变化，做好群众的转移安置准备工作。 在紧急情况下，如与县、乡（镇）信息中断，或发现可能出现滑坡、溃坝等险情，村级工作组应根据降雨情况自行启动预案，通知各责任人到岗到位，深入各村组、农户，做好群众转移工作。 雨量、水位监测员由指定的村民担当。监测员必须清楚了解本地的预警临界指标，并对水雨情变化及山塘、水库、堤防等需要有敏锐的洞察力，随时向村级负责人上报雨水情信息，在紧急情况下，可以直接向预警员、村民发布信息。"
14：46	指挥部领导打开地图（水系图）进行紧急现场汛情会商。 指挥长发布预警指令："各位乡亲，根据实时水雨情监测信息，我们____村一带6小时降雨量已达到120mm，雨量已达到准备转移预警值，请各位乡亲提高警惕，做好安全转移的准备"。（预警三遍）	预警员出列，到村口做好准备。两组预警员，一组往________方向，一组往________方向	【会商时】 "现在模拟险情发生，强降雨已经达到准备转移指标值，接到信息组报告的险情，指挥部正在进行紧急会商，会商后将做出决策并发布预警指令。"

续表

时间/（时：分）	临时指挥部动作	各组动作	解说
14：50		指挥长发布指令完毕后，由转移组组长通知本组的预警员慢速敲击鸣锣“咣咣咣”，发出准备转移预警信号。分别往________和________走去，边走边敲，确保通知到每一户村民后返回到村口。 转移组和应急抢险队到达危险区外做好转移和抢险准备	【敲击鸣锣后】 “经山洪灾害防御指挥部会商，发出了准备转移信号，预警员慢速敲击铜锣，提醒村民险情已经发生。村防御工作组负责人通知群众随时准备转移，并加强险情监测。 预警员由指定村民担当。接到预警通知后必须立即发出预警信号，提醒群众准备转移或立即转移。预警信号应按照当地现有的预警设施来确定，并向村民公布。例如，当以慢速敲击铜锣时，表示有可能发生山洪，应提高警惕，各责任人到位，做好转移准备。当快速敲击铜锣或连续摇动手摇报警器时，表示险情出现，危险区人员应立即按照预定路线迅速有序地转移至应急避险点。”
14：52	指挥长站立指挥。 指挥长答复：“明白，请继续加强水雨情信息监测。” 指挥部领导打开地图进行紧急现场汛情会商	准备转移预警完成后，信息组组长再次报告：“报告指挥长，由于强降雨没有停止，6小时降雨量已达到200mm，________河水位继续上涨，有发生山洪灾害危险，请指挥长指示！” 信息组长回答：“是”。返回待命	【会商时】 “现在模拟的险情是降雨量已达到立即转移指标值，接到报告后，指挥部成员再次进行紧急会商，会商后将立即做出决策并发布预警指令。”

续表

时间/（时：分）	临时指挥部动作	各组动作	解说
14：55	指挥长发布预警指令：“各位乡亲，实时水雨情监测信息，我们______村一带6小时降雨量已达到200mm，雨量已达到立即转移预警值，请全体人员迅速转移到安全区”（预警三遍）	指挥长指令完毕后，由预警员持续摇响手摇警报器，预警员连续急促敲击铜锣“咣咣咣”，发出立即转移信号，并迅速向危险区跑动，边跑边喊：“山洪来了，大家快跑”。 转移组和应急抢险队组织群众紧急转移，并临时安置在救灾帐篷内	**【群众转移时】** “群众的生命安全是第一位的，在灾害来临的时候，指挥部必须及时会商决策，向公众发出预警，让受山洪威胁的群众第一时间接到预警信号，现在已经发出立即转移预警，危险区的群众必须马上撤离到安全区！ 在发出立即转移预警后，转移组和应急抢险队迅速分头进入危险区，组织群众立即按既定的路线转移到安全区来，且应随时清点群众人数。 村级应急抢险队伍是灾害现场的第一救援队，关系到群众的安危和防洪的成败。在紧急情况下，抢险队员应自备电筒、雨衣等工具，听从命令和指挥，进行有序的抢险工作。 村级防御工作组应切实掌握本村的山洪灾害危险区及相应的安全区和转移路线，并通过培训和演练，让村民牢记相关负责人、预警信号、转移路线及应急避险点的位置。 转移群众应本着就近、迅速、安全、有序的原则进行，先人员、后财产；先老弱病残、后其他人员；先危险区人员、后防治区人员；防汛指挥人员应最后撤离。老弱病残因行动不便，自我躲灾避灾能力不足，应给予特殊关注。如能事先判断险情发生，可以提前转移；来不及提前转移时，可以采用抱、抬等方式帮助其撤离现场。”

续表

时间/（时：分）	临时指挥部动作	各组动作	解说
15：00	指挥长答复转移组组长："明白，请继续坚守岗位"。 随即通过高音喇叭发布指令："转移组发现一名受伤人员，请保障组医疗救护人员前往营救"（三遍）	在转移人员到达离应急避险点约100m位置时，事先安排好的一名"伤员"停下来。 转移组组长报告指挥长："报告指挥长，在紧急转移中，有一名群众受伤，请派医务人员救助。"指挥长答复后，回答："是"。返回待命。 保障组接到指令，由组长带领医疗救护人员立即前往营救，对"伤员"简单包扎后，用担架抬到应急避险点帐篷内继续"抢救"	【医疗人员出发后】 "在转移过程中，一名群众受伤了，医疗救护人员迅速到场，进行紧急救助。紧急医疗救助要行动敏捷、动作迅速，以最快速度完成救助工作并撤离现场。积极做好伤员的救护治疗和现场抢救治疗，严重者及时转送急救站或附近医院治疗。" 【伤员回来后】 "受伤人员已被带回临时医疗点进行进一步的治疗。在转移过程中，大家一定要注意自身安全，切勿惊慌失措，要保持镇定，有序地进行转移。"
15：03	"伤员"安全转移后，指挥长下达命令："调度组、保障组封锁进入危险区的道路，同时设置警戒线，除抢险救灾人员外，其他人员不得进入危险区，并对灾区实施治安巡逻。"（三遍）	接到指挥长指令后，保障组中的派出所干警迅速到达村口，设立警示牌、拉警戒线，并治安巡逻。 村委核实危险区内的撤离人员，经核查，仍有10名群众在危险区内，迅速告知应急抢险队长	【指挥长下令封锁后】 "山洪灾害发生的时候，危险区内是不允许人员出入或通行的，更不允许群众进入危险区内搬运、打捞财物。洪水无情，血的教训已经太多，生命永远是最宝贵的。 现在，通往危险区的道路已经封锁。"
15：04	指挥长站立指挥	应急抢险队队长向指挥长报告："报告指挥长，根据________村委对灾区所有人员核实，现还有10名群众未能及时撤离，请允许应急抢险队进入危险区搜救被围困人员。"	

续表

时间/（时：分）	临时指挥部动作	各　组　动　作	解　　说
15：04	指挥长答复应急抢险队长："同意应急抢险队立即进入危险区搜救未撤离人员，在搜救过程中注意自身安全，有情况及时向指挥部报告"	应急抢险队长得到指令后回答："明白，请领导放心，我们会尽快搜救出被困人员"。随即重新集合应急抢险队员（约 20 人），整理队伍后，进入危险区搜救。 预警员再次敲锣、摇报警器发出立即转移信号	【抢险队出发后】 "经清点人数，有 10 名群众尚未及时转移，我们的应急抢险队员们不畏艰险，迅速进入危险区，搜救被困群众。在搜救时，再次发出立即转移信号，再次提醒没有及时转移的群众，立即撤离！ 在山丘环境下，无论是孤身一人还是聚集人群，突然遭遇洪水围困时，如果在基础较牢固的住宅楼时，应该有序固守等待救援，或等待陡涨陡落的山洪消退，即可解围。 如被洪水围困在低洼的岸边或木质结构的住房里，有条件的，可利用手机等向外求救，无通信条件的，可制造烟火或挥动颜色鲜艳的衣物或集体同声呼救，不断向外界发出紧急求助信号。积极采取自救措施，寻找体积较大的漂浮物作为依靠。注意：千万不要游泳逃生，不要攀爬带电的电线杆、铁塔，不要爬到土坯房的屋顶。 任何人接到被围困的人发出的求助信号时，应以最快的方式和速度传递该信息，报告当地政府和附近群众，并视情况直接投入到救援行动中；当地政府和基层组织接到报警后，应在最短的时间内组织带领抢险队伍赶赴现场，利用各种救援手段全力救出被困群众。此外，行动中还要不断做好受困人群的情绪安抚工作，防止新的意外发生，确保全部人员的安全。"

续表

时间/（时：分）	临时指挥部动作	各组动作	解说
15：10	指挥长答复队长：“很好，请归队。”	经过搜救，应急抢险队员将受困群众按既定路线有序安全转移到应急避险点并妥善安置。 应急抢险队长向指挥长报告：“报告指挥长！应急抢险队已对灾区进行全方位搜救，现危险区内所有群众已全部安全撤离到安全地方”。 队长：“是！”。转向归队	【被困人员出来后】 “大家看，被困人员已经搜救出来，正往避险点转移。10个人，一个都不能少，所有被困群众必须全部抢救出来。”
15：15	村民全部安全转移后，指挥长发布指令：“请保障组防疫人员对村进行消毒防疫，对饮用水及粮食进行检查，并进行疫情监测。”	保障组防疫人员进入危险区进行消毒防疫	【防疫人员出发后】 “大灾过后往往容易伴随疫情发生，要确保灾后人员安全，应积极做好灾后的疫情防治工作。为了有效抑制疫情，防疫人员进入危险区进行消毒防疫，对饮用水进行消毒净化，对粮食进行全面检查。 工作组务必认真对房屋、水井及周围环境进行灭菌消毒；做好临时安置点的卫生保障工作，加强对粪便、农药及鼠药的管理，特别重视食品和饮用水的安全检查；密切掌握灾民的疫病动态，必要时进行紧急预防注射，提高灾民的免疫能力。 在山洪灾害发生后，饮用水常常会受到污染。要做到灾后无大疫，饮用水消毒是关键。饮用水消毒最常用的是氯化消毒和煮沸消毒。 水缸或水池中的水应先自然沉淀或用明矾澄清，然后用漂白粉晶片或漂白粉澄清液进行消毒。受淹的井水则应在水退后立即抽干被污染的井水，清掏污物，再对自然渗水进行一次消毒方可正常使用。 灾区卫生条件较差，特别是饮用水卫生难以得到保障时。首先要预防肠道传染病，如霍乱、伤寒、痢疾、甲型肝炎等，另外人畜共患疾病和自然疫源性疾病也是灾害期间极易发生的疾病，如疟疾、乙脑等等，应密切监控和预防。”

续表

时间/（时：分）	临时指挥部动作	各组动作	解说
15：15	消毒防疫完成后。 指挥长指令：“请工作各组集合”（三遍）。 集合完毕后。 指挥长：“请各组报告工作情况！”	应急抢险队队长集合队伍后，带到指挥部前，整理队伍并清点人数。转身向指挥长报告：“报告指挥长，各工作组集合完毕，请指示！” 队长：“是”。随后归队	【防疫人员回来后】 “消毒防疫已经完成，防疫人员撤出危险区。”
	指挥长答复：“明白！请继续坚守岗位。”	监测组组长跑步出列，报告： “报告指挥长，根据监测组监测，现在降雨已经停止，河水水位已经降到安全水位、村附近山体未出现危情，建议指挥部研究解除封锁警戒，并加强监测。报告完毕！” 监测组组长：“是”。转身归队	
15：16	指挥长答复：“明白！请继续坚守岗位。”	信息组组长跑步出列，报告： “报告指挥长，信息组通过对监测站网和水文气象部门各种信息的收集和整理，及时掌握了水雨情和水库、堤防的实时信息，并及时发出了山洪预警。报告完毕！” 信息组组长：“是”。转身归队	
	指挥长答复：“明白！请继续坚守岗位。”	转移组组长跑步出列，报告： “报告指挥长，全村________人已全部安全转移，并设置了临时避险区，撤离群众已经安置妥当。报告完毕！” 转移组组长：“是”。转身归队	

续表

时间/（时：分）	临时指挥部动作	各组动作	解说
15：17	指挥长答复："明白！请继续坚守岗位。"	调度组组长："到！"跑步出列。 "报告指挥长，经过与指挥部各成员单位的协调，调配好抢险人员、调度并管理好抢险救灾物资、车辆等，确保了防御山洪抢险有序进行。报告完毕！" 调度组组长归队	
	指挥长答复："明白！请继续坚守岗位。"	保障组组长："到！"跑步出列。 "报告指挥长，在组织撤离过程中，有1人因摔跤受轻伤，已进行紧急救助；临时医疗点已建立，工作正常开展；防疫人员已对村进行消毒防疫，经检查，村里饮用水和食品均安全；已对危险区实行交通管制，治安稳定。报告完毕！" 保障组组长归队	
15：18	指挥长答复："辛苦了！请继续坚守岗位。"	抢险队队长跑步出列，报告： "指挥长同志，应急抢险队参与转移安置群众____人，搜救________人，抢救伤员1人，全部人员已安全转移且妥善安置好。报告人：________。" 抢险队队长："是！"转身归队	
	指挥部现场会商。经过会商后。 指挥长下达命令："保障组解除对危险区道路的封锁和警戒；监测组、信息组继续加强监测，有情况及时报告"	各组列行队在指挥部前	【会商时】 "各工作组汇报了险情发生时各自的工作情况，他们尽心尽责，反应迅速，很好的完成了各自的职责。 险情即将过去，但我们还不能放松警惕，必须继续加强水雨情的监测，提防灾情反复。"
15：20	总指挥讲话，做演练总结	各组列行队在指挥部前	【指挥长指令后】 "下面请县领导、这次演练的总指挥长做演练总结，大家欢迎。"

续表

时间/（时：分）	临时指挥部动作	各组动作	解说
15：26		各组列行队在指挥部前	【领导总结后】 “刚才，县领导对我们的演练进行了总结，也对我们今后的山洪灾害防御工作提出了要求。我们回去后一定要按市领导的指示继续做好山洪灾害的防御工作，进一步加强开展山洪灾害的宣传、培训和演练工作。”
15：31	指挥长宣布队伍解散	各工作组解散，有序离开	
15：32	指挥部领导到灾民转移临时安置点看望撤离的村民和“伤员”。 指挥部成员和工作人员进行山洪灾害防御知识宣传，分发宣传资料，宣讲山洪灾害防御常识。 新闻媒体采访指挥部和转移的村民		【慰问村民时】 “从危险区转移出来的群众，都已安置妥当。指挥部的成员们到达灾民安置点进行看望，了解受灾情况和安置情况，安扶群众情绪稳定。 大家都觉得，在防御部门的及时预警下，能及时按预定的区域和路线迅速逃离灾情，深感庆幸。同进也深深感受到了政府的工作能力和贴心关怀。 指挥部的成员利用这个机会，对群众进行了现场的宣传，给群众分发宣传画册、明白卡等，让大家对山洪灾害的常识进一步的了解，对山洪灾害来临时的措施和预警信号等能够熟知、熟记，当灾难真的来临时，就能按今天演练的一样，迅速转移避险。”
15：45	指挥长最后发布：“各位乡亲，警报解除，请各自安全回家”指令三遍	全体人员有序返回。 演练结束	【慰问结束后】 “各位领导，各位嘉宾，我们的演练到此结束了，请大家有序返回。演练虽然结束了，但我们的肩上的责任不会结束。 让我们携起手来，共同防御山洪，为我们的绿色家园，为我们美好的明天，继续努力！”

村级山洪灾害防御演练脚本

地点	人　物	事 件 与 对 白
临时指挥部	参演全体人员	参加演练的防御工作组人员和村民集中到临时指挥部前，培训、动员
	指挥长（村长）	14时20分，监测员、预警员、应急抢险队列队在临时指挥部前，应急抢险队长整理队伍。 14时30分指挥长讲话，并宣布演练开始
	抢险队队长	应急抢险队长整队，清点人数（采用1，2，3，…报数方式）。报数完毕后，向村长请示（先敬礼）：“报告指挥长，×××村防御山洪灾害演练准备完毕，是否进行，请指示！” 指挥长：“按计划进行！” 队长：“是！”转身将队伍带到待命区
	监测员	14时45分，监测员出列到指挥部前报告：“报告指挥长，由于连降暴雨，6小时降雨量已达到120mm，×××河河水暴涨，有发生山洪灾害迹象，请指挥长指示！” 指挥长：“明白，请继续加强水雨情信息监测。” 监测长：“是！”转身归队
	指挥长	14时50分，指挥长根据防御预案决定预警等级和预警范围。 14时55分，指挥长通过预警广播或者手持喇叭发布预警指令：“各位乡亲，根据水雨情监测信息，我们××村一带6小时降雨量已达到120mm，雨量已达到准备转移预警值，请各位乡亲提高警惕，做好安全转移的准备。”（预警三遍）
危险区	预警员	指挥长发布指令完毕后，预警员×××慢速敲击鸣锣“咣咣咣”，发出准备转移预警信号，并一直走到危险区内，让危险区内的村民均清晰听到。应急抢险队做好转移和抢险准备
临时指挥部	监测员	15时5分，监测员再次报告：“报告指挥长，由于强降雨没有停止，6小时降雨量已达到200mm，×××河水位继续上涨，有发生山洪灾害危险，请指挥长指示！” 指挥长：“明白，请继续加强水雨情信息监测。” 监测员：“是！”转身归队
	指挥长	15时10分，指挥长根据村级预案，决定立即转移危险区群众。 15时15分，指挥长发布预警指令：“各位乡亲，根据水雨情监测信息，我们××村一带6小时降雨量已达到200mm，雨量已达到立即转移预警值，请全体人员迅速转移到应急避险点。”（预警三遍）
危险区、应急避险点	全体防御工作人员	指令完毕后，预警员×××持续摇响手摇警报器，预警员×××连续急促敲击铜锣“咣咣咣”，发出立即转移信号，并与监测员等村干部、应急抢险队一起组织群众紧急转移，妥善安置在应急避险点内

续表

地点	人 物	事 件 与 对 白
临时指挥部	抢险队队长	经核实清点人数，发现仍有10名群众在危险区内，未能及时撤离。 15时25分，应急抢险队队长向指挥长报告：“报告指挥长，经过对灾区所有人员核实，现还有10名群众未能及时撤离，请允许应急抢险队进入危险区搜救和转移人员。”
	指挥长	指挥长：“同意应急抢险队立即进入危险区搜救未撤离人员，在搜救过程中注意自身安全，有情况及时向指挥部报告”。 应急抢险队长：“明白，请指挥长放心，我们会尽快搜救出被困人员”。随即重新集合应急抢险队员，整理队伍后进入危险区搜救
危险区、应急避险点	全体防御工作人员	预警员再次敲锣、摇报警器持续发出立即转移信号。 经过搜救，应急抢险队员将受困群众按既定路线有序安全转移到应急避险点并妥善安置
临时指挥部	抢险队队长	应急抢险队长向指挥长报告：“报告指挥长！应急抢险队已对灾区进行全方位搜救，现危险区内所有群众已全部安全撤离到安全地方”。 指挥长：“很好，请归队。” 队长：“是!”。转身归队
	指挥长	指挥部经过会商，指挥长下达命令：“警报解除，监测员继续加强监测，有情况及时报告”。 队伍解散。 防御机构成员对群众进行山洪灾害防御知识宣传，分发宣传资料。 宣传活动结束后，指挥长向大家指示：“各位乡亲，警报解除，演练结束，请各自安全回家”指令三遍，全体人员有序返回。演练结束

附录D 山洪灾害防御常识

一、山洪灾害发生前的注意事项

(一) 村民应掌握哪些山洪灾害知识

(1) 平时应尽可能多地了解一些山洪灾害防御常识，掌握自救逃生的本领。

(2) 观察、熟悉周围环境，预先选定好紧急情况下躲灾避灾的安全路线和地点。

(3) 多留心注意山洪可能发生的前兆，动员家人做好随时安全转移的思想准备。

(4) 一旦情况危险，及时向主管人员和邻里报警，迅速转移至安全处，不要贪恋财物，耽误了最佳避险时间。

(5) 事前积极参加灾险投保，尽量减少灾害损失，提高灾后恢复能力。

(二) 村民应熟悉哪些当地情况

(1) 村民应熟悉当地的危险区、安全区的划分。

(2) 村民应熟悉当地的转移、撤退路线。

(3) 村民应熟悉当地的避险地点。

(4) 村民应熟悉当地的山洪灾害防御责任人。

(5) 村民应熟悉当地的预警信号。

(三) 哪些地方不宜建房

(1) 切坡建房不加防护或将房屋建在陡坎或陡坡脚下的居民，最易受到山洪的威胁。

(2) 在溪河两边位置较低处，容易遭受洪灾，不宜建房。

(3) 河道拐弯凸岸的居民，最易遭到山洪的威胁，不宜建房。

(4) 两河交叉口地带，容易受山洪威胁，不宜建房。

(5) 溪河桥梁两头空地，因山洪暴发时往往夹带许多砂石及柴草树木等，在通过桥梁拱涵时容易受阻，导致洪水壅涨，易造成桥梁或桥头被冲毁，不宜建房。

(6) 在山洪易发区内的残坡积层较深的山坡地或山体已开裂的易崩易滑的山坡地上不宜建房。

(7) 土坯房受洪水冲刷，比砖、混凝土结构的房屋容易倒塌，居住在土坯房内的居民因此更容易受到山洪灾害的威胁。

(8) 围河建房，侵占河道，人为缩小行洪断面，容易遭受山洪灾害。

(四) 山洪易发区工程建设用地选择

(1) 公路、机耕道、桥梁必须经过交通、水利等主管部门批准后方可修建。

(2) 公路、机耕道线路的选取应尽量避开河道。如必须沿溪靠河，则必须保证河道的过水断面，并且高于历史洪水位。

(3) 山坡上的公路、机耕道必须修通内边排水沟，以免积水渗漏造成道路塌方，交通中断，阻塞河道。

(4) 桥梁、拱涵必须经相关技术人员演算其过水断面满足设计洪水行洪，以免壅涨洪水，冲毁桥梁。

(5) 桥梁、公路的选址应尽量避免滑坡易发区，如必须经过滑坡易发区，则须做好防护工作。

(6) 厂矿企业的选址应参照宅基地选址，避开山洪、泥石流、滑坡灾害易发区。

(五) 如何观察天气征兆躲避山洪灾害

在春夏季节，平时要注意收听广播、收看电视，了解近期是否还会有发生暴雨的可能，掌握一些关于天气的民间谚语，如“有雨山戴帽，无雨云拦腰”“早霞不出门，晚霞行千里”“清早宝塔云，下午雨倾盆”“青蛙叫，大雨到”等。当观察到下面几种天气征兆时应加强对发生山洪的警惕性。

(1) 早晨天气闷热，甚至感到呼吸困难，一般午后往往有强降雨发生。

(2) 早晨见到远处有宝塔状墨云隆起，一般午后会有强雷雨发生。

(3) 多日天气晴朗无云，天气特别炎热，忽见山岭迎风坡上隆起小云团，一般午夜或凌晨会有强雷雨发生。

(4) 炎热的夜晚，听到不远处有沉闷的雷声忽东忽西，一般是暴雨即将来临的征兆。

(5) 看到天边有漏斗状云或龙尾巴云时，表明天气极不稳定，随时都有雷雨大风来临的可能。

(六) 泥石流灾害发生时有哪些前兆

泥石流爆发前，有各种预兆，例如：

(1) 在山体附近坡面有不稳定因素的情况下易发生山崩和泥石流。

(2) 在降雨达到峰值时，上游的降水激烈，泥沙灾害显著，溪沟出现异常洪水。

(3) 山地发生山崩或沟岸侵蚀时，山上树木发出沙沙的扰乱声，山体出现异常的山鸣。

（4）上游河道发生堵塞，溪沟内水位急剧减少。

（5）由于上游发生崩塌，溪沟的流水非常浑浊。

（6）在流水突然增大时，溪沟内发出明显不同于机车、风雨、雷电、爆破的声音，可能是泥石流携带的巨石撞击产生。

（7）上游发生山崩，有异常臭味出现。

（8）有树木的断裂声。

（9）在人还没有感觉出有异常现象时，动物已有异常的行动，例如，猫的大声嘶叫等。以上这些泥石流发生的前兆现象，大多是与降水强度有密切的关系，因此，提前做好短时间内的降雨预报工作是极为重要的。

（七）滑坡灾害发生的前兆

（1）滑坡前部土体强烈上隆膨胀。

（2）滑坡前部突然出现局部滑塌。

（3）滑坡前部泉水流量突然异常。

（4）滑坡地表池塘和水田水位突然下降或干涸。

（5）滑坡前缘突然出现有规律排列的裂缝。

（6）滑坡后缘突然出现明显的弧形裂缝。

（7）简易观测数据突然变化。

（8）危岩体下部突然出现压裂。

（9）动物出现异常现象。如猪、牛、鸡、狗等惊恐不宁等可能是滑坡、崩塌即将来临。

（八）山洪易发区居民汛期如何加强防范

进入汛期后，山洪灾害频发的地方，无论是危险区还是警戒区的居民，都要随时提高警惕，牢固树立“严密防范，常备不懈”的思想，做到以人为本，安全第一。经常收听、收看气象信息和上级部门发布的灾险情预报，密切关注和了解所在地的雨情、水情变化，做到心中有数。特别是居住地属危险区的居民，必须事先认真熟悉居住地所处的位置和山洪隐患情况，确定好应急措施与安全转移的路线和地点；还需勤于观察房前屋后是否有山体开裂、沉陷、倾斜和局部位移的变化；是否有井水浑浊、地面突然冒浑水。

（九）个人应做好哪些山洪发生前的准备工作

（1）每个人在平时应尽可能多学习了解一些山洪灾害防治的基本知识，掌握自救逃生的本领。

（2）无论是在居住场所还是在野外活动场所，都必须首先观察、熟悉周围环境，预先选定好紧急情况下躲灾避灾的安全路线和地点。

(3) 多留心注意山洪可能发生的前兆，动员家人做好随时安全转移的思想准备。

(4) 根据自己的判断，一旦认定情况危急时，除及时向主管人员和邻里报警外，应先将家中的老人和小孩及贵重物品提前转移到安全地带。

(5) 事前积极参加灾险投保，尽量减少灾害损失，提高灾后恢复能力。

(十) 中、小学校如何防范山洪灾害

1. 校址的选取

中小学校园的选址除要满足普通建筑的要求外，还应考虑到学生人数众多，疏散不易，而且未成年人在山洪到来时容易慌张失措，导致混乱。因此学校的选址应该远离山洪易发区，且建在较开阔的地点，在山洪暴发时能够及时撤离。提前设定好安全通道和撤退路线。

2. 防汛负责人及防汛预案

学校应设定防汛负责人，负责防汛工作，在洪水来临时组织学生安全撤离及避险。平时应做好防汛预案，使校园防汛工作有章可依。

3. 学生在往返校园途中的注意事项

(1) 暴雨天气，注意观察途中水位变化，一旦出现异常，迅速向高处逃生。

(2) 如路途为临河路，不要沿河边走，防止洪水掏空路面，坠入水中。

(3) 不要贪恋玩水，不要在河边、桥上看水。

(4) 如果遭遇洪水，应向山坡两侧高处跑，不要顺河流方向跑。

(5) 要警惕滑坡、崩塌，不要在岩石、陡坡下避雨。

4. 山洪发生时如何组织逃生

(1) 山洪发生时，学生应听从防汛负责人、教师的指挥有序撤离，不要惊慌失措，到处乱跑。

(2) 如来不及撤离，可先组织学生转移到房顶或地势较高处，等待救援。

(3) 防汛负责人、教师应该利用通信设施，迅速预警，寻求救援。

(4) 无通信条件时，可制造烟火或来回挥动颜色鲜艳的衣物或集体同声呼救，向外界发出紧急求助信号。

(5) 积极采取自救措施，寻找体积较大的漂浮物，如木质课桌、泡沫等作为撤离工具。

(6) 对于年龄较小，无自救能力的学生，学校可以组织人员帮助其转移。

5. 灾后防疫

大灾过后往往容易伴随疫情发生，要确保灾后人员安全，应积极做好灾后的疫情防治工作，全面开展校园、教学工具等的免疫消毒工作。

6. 日常防汛宣传、教育

学校教职员工除自身要加强防灾避灾意识外，还应利用校园广播、黑板报、校园网等向师生开展防汛宣传教育，广泛开展防汛避灾教育和自救逃生演练，提高师生必要的应急技能。有关部门也可组织一些防汛知识进校园活动，增强学生的防汛意识。

二、山洪灾害发生时的注意事项

（一）山洪来临时如何预警

山洪灾害来势猛、成灾快，监测责任人或最早发现灾害的村民能否在第一时间快速、准确的预警，是防御山洪灾害的关键。

（1）平时做好宣传培训工作，使群众熟悉报警信号和应对办法。

（2）一旦山洪暴发，监测责任人和第一发现人，立即采取鸣锣、口哨、手摇报警器等预先设定的群众了解的信号，迅速预警。

（3）村组负责人在接到预警信号后，第一时间利用高音喇叭等手段向全体村民预警。

（4）上游村组有义务向下游村组、农户报警。

（5）发生灾害的村（组）、个人应采用手机、电话等方式迅速向当地政府及防汛部门报告，以便政府和防汛部门立即向下游更大范围发布警报、广播通知或通信预警及组织抢险救援。

（6）居民在任何地点发现有滑坡迹象，应立即向周围人群发出预警信号，发现公路、桥梁等地有危险异常迹象，还应做出简单的警戒线，昼夜职守，并及时向有关部门做出回报，以便及时处理。

（二）山洪来临时如何转移

（1）转移前的准备。

1）汛期，居住在危险区的村民应做好安全转移准备，整理好必需物品（如手电筒、手提箱、背包）等。

2）村民日常生活中应熟悉了解预警信号及撤退路线，在接到预警信号后，必须在转移责任人的组织指挥下沿预先制定好的撤退路线迅速有序转移。统一指挥，有序转移，安全第一。

（2）转移避险的原则和责任人根据“五户联保”的责任体系规定，责任人应按先人员后财产，先老幼病残后一般人员的原则组织转移，并有权对不服从转移命令的人员采取强制措施。责任人必须在确定所有人员转移后最后撤离。

（三）深夜凌晨遭遇山洪时如何迅速脱险

根据深夜凌晨突发山洪、泥石流造成死伤惨重的历史教训，凡是居住在山洪易发区或冲沟、峡谷、溪岸的居民，每遇连降大暴雨时，必须保持高度警惕，特别是晚上，应派专人进行检测，如有异常，应立即组织群众迅速撤离现场，就近选择安全地方落脚，并设法与外界联系，做好下一步救援工作。

（四）被洪水围困时怎样求救

在山丘环境下，无论是孤身一人还是聚集人群，突遭洪水围困于基础较牢固的高岗台地或砖混结构的住宅楼时，只要有序固守等待救援或等待陡涨陡落的山洪消退后即可解围。

如遭遇洪水围困于低洼处的岸边、干坎或木结构的住房里，情况危急时：

（1）有通信条件的，可利用通信工具向当地政府和防汛部门报告洪水态势和受困情况，寻求救援。

（2）无通信条件时，可制造烟火或来回挥动颜色鲜艳的衣物或集体同声呼救，不断向外界发出紧急求助信号，求得尽早解救。

（3）积极采取自救措施，寻找体积较大的漂浮物等。

（五）住宅被淹时如何避险

对那些洪泛区低洼处的居民，其住宅常易遭洪水淹没或围困，且来不及转移。在这种情况下：

（1）安排人员向屋顶转移，并安慰稳定好他们的情绪。

（2）想方设法发出呼救信号，尽快与外界取得联系，以便得到及时的救援。

（3）利用竹木等漂浮物将家人护送至附近的高大建筑物上或较安全的地方。

（六）怎样救助被洪水围困的人群

由于山洪汇集快、冲击力强、危险性高，所以必须争分夺秒救助被洪水围困的群众。任何人接到被围困的人发出的求助信号时：

（1）以最快的方式和速度传递求救信息，报告当地政府和附近群众，并直接投入解救行动。

（2）当地政府和基层组织接到报警后，应在最短的时间内组织带领抢险队伍赶赴现场，充分利用各种救援手段全力救出被困群众。

（3）行动中还要不断做好受困人群的情绪稳定工作，防止发生新的意外，特别要注意防备在解救和转送途中有人再次落水，确保全部人员安全脱险。

（4）仔细做好脱险人员的临时生活避险和医疗救护等保障工作。

（七）山洪到来转移不及时如何自救

（1）山洪到来时，来不及转移的人员，要就近迅速向山坡、高地、楼房、避洪台等地转移，或者立即跑上屋顶、楼房高层、大树、高墙等地暂避。

（2）如山洪继续上涨，暂避的地方难以自保，则要充分利用现有的救生器材逃生，迅速找一些门板、桌椅、木床、大块泡沫塑料等能漂浮的材料扎成筏逃生。

（3）如果已被洪水包围，要设法尽快与当地政府、防汛指挥部门取得联系，报告自己的方位和险情，积极寻求救援。注意：千万不要游泳逃生，不要攀爬带电的电线杆、铁塔，也不要爬到土坯房的屋顶。

（4）如已卷入洪水中，一定要尽可能抓住固定的或能漂浮的东西，寻求机会逃生。

（5）发现高压线铁塔倾斜或者电线断头下垂时，一定要迅速远避，防止触电。

（八）防御山洪十要十不要

一要加强防灾避灾心　不要麻痹轻视又大意
二要远离山洪危险区　不要桥上河边看水去
三要警惕滑坡泥石流　不要陡坡山崖下避雨
四要避开河道行洪区　不要下河捞物贪便宜
五要河谷两侧高处避　不要顺河奔跑方向迷
六要沿着转移路线走　不要惊慌失措乱撤离
七要听到预警快转移　不要贪恋财物误时机
八要服从命令听指挥　不要擅自行动犯纪律
九要爱护环境与家园　不要毁林滥采开荒地
十要爱护公物与设施　不要损坏监测预警器

三、山洪灾害发生后的注意事项

（一）灾民避险

1. 避险方式

转移以后的避险，通常根据不同受灾点急需转移人数分别采取以下不同的方式进行避险：

（1）人数较少时，可采用投亲靠友或者在安全区对户挂靠的方式分散避险，使灾民迅速安定下来。

（2）人数较多时，有条件的可以利用处于安全区内的村部、学校等公用房屋避险。没有条件的则可以通过搭建临时帐篷，以村为单位进行集中避险、统一管理。

2. 避险管理办法

在各个灾民避险点上，综合配备组建临时的救助管理机构和配备相应专业人员，统一领导，分工负责，分级管理：

(1) 摸清情况，做好灾民的粮油、食品、饮用水、衣被等基本生活物资的发放供应。

(2) 切实帮助灾民突击抓好危房搬迁和选址建房工作，使临时避险的灾民早日重返家园。

(3) 加强安全巡逻执勤和对灾民原有住宅的看护工作，制止和打击各种违法犯罪行为，特别是严防趁灾哄抢、盗窃财物的恶性案件，切实维护灾区的社会治安秩序，灾民亦应自觉遵守救灾秩序。

(二) 山洪灾害受伤者如何紧急处理

(1) 对伤员的出血伤口应迅速止血，如似喷射状，则动脉破损，应在伤口上方即出血点与心脏端，找到动脉血管（一条或多条），用手或手掌把血管压住，即可止血。如果伤员属四肢受伤亦可在伤口上端用绳布带等捆扎，松紧程度视出血状态控制，每隔1～2小时松开一次进行观测并确定后续处理措施。

(2) 伤员伤口的包扎。找到并暴露伤口，迅速检查伤情，如有酒精或碘酒棉球，应将伤口周围皮肤消毒后，用干净的毛巾、布条等将伤口包扎好。

(3) 对骨折的伤员，应进行临时的固定，如没有夹板，可用木棍、树枝代替。固定要领是尽量减少对伤员的搬动，肢体与夹板间要垫平，夹板长度要超过上下两关节，并固定绑好，留指尖或趾尖暴露在外。

(4) 对严重的外伤伤员的治疗，在紧急处理的同时，应迅速取得医务人员的帮助，并尽快护送至医院。

(三) 如何救助被泥石流伤害的人员

(1) 泥石流对人的伤害主要是泥浆使人窒息。将压埋在泥浆或倒塌建筑物中的伤员救出后，应立即清除口、鼻、咽喉内的泥土及痰、血等，排除体内的污水。

(2) 对昏迷的伤员，应将其平卧，头后仰，将舌头牵出，尽量保持呼吸道的畅通。

(3) 如有外伤应采取止血、包扎、固定等方法处理，然后转送急救站。

(四) 如何最大限度地减少人员伤亡

最大限度地减少人员伤亡，是抗御山洪灾害的根本目的，集中体现在发生山洪灾害时要不死人、不伤人。

(1) 及时转移受威胁的下游群众，抢时间迅速解救被困人员安全脱险。

(2) 当住宅即将被淹时，在抢救程序上必须保证先人员后财产的原则。

(3) 如遇家中老人不愿离开住宅时应强行将其转移出去。

(4) 对受伤人员在脱险后应就地实施紧急救护，伤情严重的应及时转送当地医院治疗。

（五）如何做好灾后的防疫救护工作

大灾过后往往容易伴随疫情发生，要确保灾后人员安全，应积极做好灾后的疫情防治工作，全面开展受灾区及转移避险点上的医疗防治救治工作。

（1）认真做好房屋、水井及周围环境的灭菌消毒。

（2）做好临时避险点的卫生工作，加强对粪便、农药及鼠药的管理，特别重视食品和饮用水的安全检查。

（3）密切掌握灾民的疫病动态，做好人群的紧急预防注射，提高灾民的免疫能力。

（4）积极做好伤员的救护治疗和现场抢救治疗，严重者及时转送急救站或附近医院治疗。

（六）如何进行饮用水消毒

在洪水、暴雨等灾害发生后，饮用水常常会受到污染。要做到灾后无大疫，饮用水消毒是关键。饮用水消毒最常用的是氯化消毒和煮沸消毒。下面介绍两种常用的水源氯化消毒办法：

（1）缸水消毒。先将水缸中的水自然沉淀或用明矾澄清，然后将漂白粉晶片碾碎用冷水调成糊状，按每50kg水加一片漂白粉晶片或10%漂白粉澄清液1汤勺的比例进行消毒。储存的缸水用完后应及时清除沉淀物。

（2）受淹井水消毒。应在水退后立即抽干被污染的井水，清掏污物，对自然渗水进行一次消毒［加氯量$(20\sim30)\times10^{-6}$］后，方可正常使用，要坚持经常性地对井水消毒。

（七）山洪灾害期间易发生哪些疾病

灾区卫生条件差，特别是饮用水卫生难以得到保障，首先要预防肠道传染病，如霍乱、伤寒、痢疾、甲型肝炎等，另外人畜共患疾病和自然疫源性疫病也是灾害期间极易发生的疾病，如钩端螺旋体、流行性出血热、疟疾、乙脑等。

参 考 文 献

[1] 俸锡金，王东明．社区减灾政策分析［M］．北京：北京大学出版社，2014.

[2] 徐乾清，戴定忠．中国防洪减灾对策研究［M］．北京：中国水利水电出版社，2002.

[3] 中国地震局．地震群测群防工作指南［M］．北京：地震出版社，2004.

[4] 姚国章，邓民宪，袁敏．灾害预警新论［M］．北京：中国社会出版社，2013.

[5] 姚国章．日本灾害管理体系：研究与借鉴［M］．北京：北京大学出版社，2008.

[6] 中华人民共和国水利部．SL 675—2014 山洪灾害监测预警系统设计导则［S］．北京：中国水利水电出版社，2014.

[7] 中华人民共和国水利部．SL 666—2014 山洪灾害预案编制导则［S］．北京：中国水利水电出版社，2014.

[8] 水利部，国土资源部，中国气象局，等．全国山洪灾害防治规划［R］．2006.

[9] 水利部，国土资源部．山洪地质灾害防治专项规划［R］．2010.

[10] 国家发展改革委员会，水利部，等．全国中小河流治理和病险水库除险加固、山洪地质灾害防御和综合治理总体规划［R］．2011.

[11] 水利部，财政部．全国山洪灾害防治项目实施方案（2013—2015 年）［R］．2013.

[12] 国家防汛抗旱总指挥部办公室．全国山洪灾害防治县级非工程措施建设管理总结报告［R］．2013.

[13] 中国水利水电科学研究院，中国科学院水利部成都山地灾害与环境研究所．全国山洪灾害防治项目（2010—2015 年）总结评估报告［R］．2016.

[14] 国家防汛抗旱总指挥部办公室．北京市山洪灾害防御工作的调研报告［R］．2005.

[15] 国家防汛抗旱总指挥部办公室．全国山洪灾害防治试点工作总结报告［R］．2010.

[16] 国家防汛抗旱总指挥部办公室．2010 年度全国山洪灾害防治工作总结报告［R］．2010.

[17] 国家防汛抗旱总指挥部办公室．2011 年度全国山洪灾害防治工作总结报告［R］．2011.

[18] 国家防汛抗旱总指挥部办公室．2012 年度全国山洪灾害防治工作总结报告［R］．2012.

[19] 国家防汛抗旱总指挥部办公室．2013 年度全国山洪灾害防治工作总结报告［R］．2013.

[20] 国家防汛抗旱总指挥部办公室．2014 年度全国山洪灾害防治工作总结报告［R］．2014.

[21] 国家防汛抗旱总指挥部办公室．2015 年度全国山洪灾害防治工作总结报告［R］．2015.

[22] 国家防汛抗旱总指挥部办公室．2016 年度全国山洪灾害防治工作总结报告［R］．2016.

[23] 水利部．2010 年中国水旱灾害公报［R］．2011.

[24] 水利部.2011年中国水旱灾害公报 [R]. 2012.
[25] 水利部.2012年中国水旱灾害公报 [R]. 2013.
[26] 水利部.2013年中国水旱灾害公报 [R]. 2014.
[27] 水利部.2014年中国水旱灾害公报 [R]. 2015.
[28] 水利部.2015年中国水旱灾害公报 [R]. 2016.
[29] 国家防汛抗旱总指挥部办公室. 山洪灾害防治非工程措施技术要求 [R]. 2010.
[30] 全国山洪灾害防治项目组. 山洪灾害防治非工程措施补充完善技术要求 [R]. 2013.
[31] 张志彤. 山洪灾害防治措施与成效 [J]. 水利水电技术.2016, 47 (1): 1-5.
[32] 邱瑞田，黄先龙，张大伟，等. 我国山洪灾害防治非工程措施建设实践 [J]. 中国防汛抗旱.2012, 22 (1): 31-33.
[33] 何秉顺，常清睿，褚明华. 山洪灾害防治群测群防体系建设探析 [J]. 中国水利，2012 (13).
[34] 刘传正，张明霞，孟晖. 论地质灾害群测群防体系 [J]. 防灾减灾工程学报，2006, 26 (2): 175-179.